地理信息系统应用与开发丛书

轻量级WebGIS入门实践教程

Leaflet + GeoSever + Node.js + Postgre SQL完整框架搭建实例

李中元 编著

WUHAN UNIVERSITY PRESS
武汉大学出版社

图书在版编目(CIP)数据

轻量级 WebGIS 入门实践教程：Leaflet+GeoServer+Node.js+PostgreSQL
完整框架搭建实例/李中元编著.—武汉：武汉大学出版社,2020.6
地理信息系统应用与开发丛书
ISBN 978-7-307-21533-7

Ⅰ.轻…　Ⅱ.李…　Ⅲ.地理信息系统—应用软件—教材　Ⅳ.P208

中国版本图书馆 CIP 数据核字(2020)第 089821 号

责任编辑:鲍　玲　　　责任校对:李孟潇　　　版式设计:韩闻锦

出版发行:**武汉大学出版社**　　(430072　武昌　珞珈山)
　　　　　(电子邮箱：cbs22@whu.edu.cn　网址：www.wdp.com.cn)
印刷:湖北睿智印务有限公司
开本:787×1092　1/16　印张:11.25　　字数:264 千字　　插页:1
版次:2020 年 6 月第 1 版　　2020 年 6 月第 1 次印刷
ISBN 978-7-307-21533-7　　定价:36.00 元

前　　言

WebGIS 是基于 B/S 架构的地理信息平台,具备较为强大的数据管理与可视化功能,在各相关行业及部门发挥的作用越来越大,社会需求也在不断增大。

除此之外,WebGIS 还可与目前较为主流的云计算、物联网、大数据和人工智能等前沿技术进行深度融合,其行业应用价值和潜力已然突显,因此受到众多互联网公司的青睐。在这种趋势下,市场对于 WebGIS 人才的需求十分旺盛。然而,面对这种需求,各大高校虽然也先后开设了关于 WebGIS 的课程,但由于 WebGIS 技术涉及的内容较为广泛,技术体系较为庞杂,而且相关技术更新比较迅速,目前市场上能够满足初学者入门的教材十分有限。看似复杂的代码让大多数同学望而生畏甚至丧失信心,只有那些对 Web 开发有极大兴趣的同学才能坚持下来,然而这样的学生在每一届的毕业生里也只是凤毛麟角。所以,大多数学生靠自学成才,仍然难以满足社会和市场需求。虽然目前网络上有很丰富的介绍 WebGIS 开发技术和经验的博客,并且有些也给出了较为详细的实例分析与源代码,但大多数是就某一个技术的某个方面进行讲解,内容较为散乱,缺乏较为系统的知识体系和学习思路。这就难免会给初学者造成"东一榔头西一棒子"的感觉,更加容易让人摸不着头脑。

在这几年的教学实践中,学生课上课下反馈的意见让大家逐渐意识到,一本简单易懂,能够启发学生兴趣,并且能引导学生一步一步入门与进阶的实践性教材成为最迫切的需求。综合以上想法,本书在编写过程中抓住"轻量级""入门"和"实践性"这三个特征,在内容编排上注重逻辑性与系统性,第 1 章到第 2 章介绍了学习思路与环境配置;第 3 章到第 5 章分别介绍了 Leaflet、PostgreSQL 以及 Node. js 的环境配置与入门;第 6 章到第 9 章主要讲解了基于 Node. js 的 Express 框架、网页结构优化以及利用 Express 框架 + PostgreSQL 进行数据库管理的实例;第 10 章到第 12 章分别介绍了 WebGIS 前端框架、后台数据库管理以及地图服务管理与发布的操作与具体实例。第 13 章详细讲解了地图数据与属性数据关联与可视化的原理与方法。每一章都是一个小小的案例,每一章节学习结束都会取得一个小成果,可以做到步步为营。经过全书的学习与实践,最终就可以实现带有登录注册、地图展示和数据管理功能的 WebGIS 框架。本书可作为 GIS 专业本科生选修课教材,也可以作为广大 GIS 开发爱好者的参考用书。

本书的出版获得了湖北大学的大力支持,还得到了国内外诸多专家与同行的帮助与支持。本书由李中元负责全书的内容体系设计、撰写与统稿。在编写过程中,参考学习了大量近年来出版的相关技术资料以及相关网站和博客,吸取了许多专家和同仁的宝贵经验。初稿编撰完成后,曾在湖北大学资源环境学院 2016 级以及 2017 级地理信息科学的课堂教学中进行试用,同学们从初学者的角度给本书反馈了很多非常好的意见与建议,部分同学还提供了一些实例设计的思路与示例代码，在此一并表示衷心的感谢。

由于作者水平所限，书中难免存在一些不足之处，希望广大读者批评指正。作者的电子邮件地址为：lizy@ hubu. edu. cn。

本书中实例的完整源代码可以从 https：//github. com/lizyagrs/ExpressLeaflet 下载，欢迎各位读者批评指正。

目　　录

第1章 绪 论

本章介绍轻量级 WebGIS(网络地理信息系统)的学习目的、学习的基本内容以及学习思路和学习方法。为了让大家对轻量级 WebGIS 有总体的认识和把握,本章还列出了在学习过程中会涉及的软件工具、开发框架以及在开发过程中用到的 API,以期帮助大家总览全局,合理安排和规划学习内容和进度。

1.1 引言

随着时代的发展,科学技术的每一次革新与进步,都会推动人类不断开辟新的世界,创造新的生活。像蒸汽机的出现将人类从农耕文明推向工业文明一样,互联网的出现又在全球范围内掀起了一场新的变革,标志着一个新时代的到来。它不仅使全球信息和资源交流变得更为迅速方便,更是深刻影响着人类生活的方方面面。让人们真正体会到了"秀才不出门,能知天下事"的便捷。

近年来,随着人类对地观测技术的不断进步和空间信息技术的迅猛发展,使得"天下事"变得有"图"有"真相",并且逐渐从"能"知天下事向"尽"知天下事发展。这里所说的"图"和"真相"既可以理解为普通相机或者手机拍摄的照片,也可以理解为卫星给地球拍摄的记录地球表面瞬间的照片,还可以理解为大家熟知的地图。事实上,"图"和"真相"是对空间信息技术的高度概括,是空间信息三大主要技术,即地理信息系统(Geographic Information System,GIS)、遥感(Remote Sensing,RS)和全球定位系统(Global Positioning System,GPS)的缩影。这其中的遥感(RS)可以通俗地理解为把照相机装到卫星或者飞机上给地球拍照片,也就是前面所说的"真相";全球定位系统(GPS)则给这些"真相"加上了位置信息,即经纬度,告诉人们这些"真相"发生的地方;而地理信息系统(GIS)则将这些"真相"进行存储、处理、分析、管理以及可视化表达,最后用地图的方式展现给大家。这3个S就是俗称的"3S"技术,通过 GIS、RS、GPS 三者之间的配合来帮助人们更好地认识和了解整个世界。

WebGIS 是 Internet 技术应用于 GIS 开发的产物,人们经常使用的百度、高德等在线地图,就是面向出行导航类应用的 WebGIS 典型代表。我们通过使用在线地图应该也能够感受到,WebGIS 的最大特点就在于它继承了网页的全部优势,采用基于互联网的 B/S (Browser/Server,浏览器/服务器)结构模式,用户无需安装任何专业软件,仅需打开浏览器,"图"和"真相"就可以尽现眼前。由于其内容丰富、清晰直观、方便快捷、操作简单,因此广受农、林、矿、水利、石油、房产、交通、国土、规划、城管、生态、环保等各业务部门管理人员和技术人员的喜爱。

由于 WebGIS 涉及的软件工具以及专业术语较多，因此在学习之前，很有必要帮助大家先理清学习思路和脉络，明确学习内容与目标，这样大家在学习的过程中才能够更加得心应手。在此基础之上，本章还将介绍 WebGIS 涉及的相关软件工具以及调用的相关应用程序接口(Application Programming Interface，API)，具体内容详见 1.2、1.3 小节。

1.2　学习内容与思路

一个轻量级的 WebGIS 包括以下 8 个方面的内容：

(1)"九层之台，起于累土"：静态网页制作(Html+CSS+JavaScript)；

(2)"千里之行，始于足下"：开源地图 Leaflet 的入门与实践；

(3)"假舆马者，非利足也，而致千里"：BootStrap，一个可以让网页更加美观的开发框架；

(4)"假舟楫者，非能水也，而绝江河"：Node.js 及其 Express 框架与 PostgreSQL 数据库；

(5)"泉眼无声惜细流"：注册登录与数据管理；

(6)"树阴照水爱晴柔"：空间数据处理软件 QGIS 及空间数据库引擎 PostGIS；

(7)"小荷才露尖尖角"：GeoServer 的配置、地图服务发布与加载；

(8)"早有蜻蜓立上头"：一个 WebGIS 实例的诞生。

本教程的学习内容大致可以分为 4 个层次，分别是应用层、表现层、服务层和数据层，学习内容的逻辑结构如图 1-1 所示。

应用层就是提供给用户的界面以及相应的功能操作，直接对应用户的需求，一般以地图+图表(Map+Charts)的方式直观地展现给用户。比如要从地图中查询某个区域历年的 GDP 数据。

表现层则是支持应用层功能与界面用到的技术与框架，如支持地图开发的 Leaflet 框架，支持图表操作的 Echarts 框架，以及用于页面设计和美化的 Bootstrap 框架，实现数据异步请求的 Ajax 框架，还有用于网页设计与实现的 Html、CSS、JavaScript 等语言。

服务层是联系前端网页、地图与后端数据库的桥梁，本书中采用 Node.js 支持下的 Express 框架来实现前后端属性数据通信，利用 GeoServer 将后端的地图数据发布为网络地图服务供前端请求。

数据层主要负责数据的编辑和存储，WebGIS 中一般有两类数据，一类是空间数据，如行政区划边界，POI 点、道路等矢量数据，DEM、遥感影像等栅格数据；另一类则为传统的属性数据，如某个省的历年 GDP 数据，人口分布、温度、降水等属性数据，空间数据通常用 QGIS 进行编辑，通过 PostGIS 将空间数据存储于 PostgreSQL 中供地图服务器调用，属性数据可直接以关系数据库的方式存储于 PostgreSQL 中。

除此之外，大家通过思维导图的学习可以进行知识点的归纳总结以及逻辑思路的梳理，也可以通过代码管理工具 Github 的学习掌握维护和更新代码版本的方法。

通过本课程的学习至少能够帮助大家实现一个带登录、注册、导航条以及地图主页的系统框架，能够实现在 Web 端进行地图与属性数据联动、空间数据查询与分析，以及属

图 1-1 学习内容逻辑结构图

性数据库的设计与管理维护等功能。

1.3 软件工具及开发框架

1.3.1 软件工具

(1) 逻辑思路梳理：思维导图；

(2) 单个网页编辑与查看：NotePad++；

(3) Web 项目开发编译器：HBuilder；

(4) 代码同步与管理：GitHub；

(5) 前后端的桥梁语言：Node.js；

(6) 数据库及可视化：PostgreSQL + Navicat for PostgreSQL；

(7) 空间数据编辑与导入：QGIS + PostGIS；

(8) 地图服务发布与管理：JDK+GeoServer。

1.3.2 相关框架及 API

（1）前端网页样式框架：Bootstrap；

（2）后端服务框架：Express；

（3）页面局部刷新框架：Ajax；

（4）属性数据图表开发 API：Echarts；

（5）前端地图开发 API：Leaflet；

（6）JavaScript 开发通用库：jQuery。

1.4 本章小结

本章对于为什么学习 WebGIS，教材的学习内容与思路、学习方法及其涉及的软件工具、开发框架和用到的相关 API 进行了概括和介绍，是希望读者在学习之前能够对本教材的内容有个总体的认识和了解，以便在后面的学习中做到心中有数，有的放矢。

第2章 学习工具准备

俗话说，"工欲善其事，必先利其器"，这一章主要介绍用于总结归纳的思维导图和两款简单的代码编写工具以及一款代码管理与同步工具，主要是为了帮助读者学会如何借助工具理清学习思路，从而提高学习和编码效率。当然，如果大家已经具备一定的网页编程基础，并且也熟悉一些常用编译器的话，则可以跳过这一章的内容，直接进入第三章的学习。

2.1 思维导图

2.1.1 思维导图简介

思维导图又叫心智导图，是表达发散性思维的有效图形思维工具，它简单却又很有效，是一种实用性的思维工具。思维导图又称脑图、心智地图、脑力激荡图、灵感触发图、概念地图、树状图、树枝图或思维地图，是一种图像式思维工具以及一种利用图像式思考辅助工具。思维导图是使用一个中央关键词或想法引起形象化的构造和分类的想法；它是用一个中央关键词或想法以辐射线形连接所有的代表字词、想法、任务或其他关联项目的图解方式。

2.1.2 思维导图安装配置

如果注册有百度的账号，打开百度脑图官方网站 http：//naotu. baidu. com/可以直接使用，无需下载，如图2-1所示。

不过，因为百度脑图是在线版本，虽然使用非常方便，但功能较为有限，所以可以购买商业桌面版的思维导图软件，如 Xmind，或者下载一些免费的思维导图软件，如 MindMaster，其官方网址为 http：//www. edrawsoft. cn/mindmap/。

2.1.3 思维导图举例

此处以本书的学习内容为例，将本书的学习内容用思维导图梳理归纳出来，如图2-2所示。

再对 WebGIS 涉及的软件工具、框架以及 API 进行归纳，如图2-3所示。

通过上述两个例子可以看出，知识点通过梳理和归纳，以较为简洁的方式展现，可以起到突出重点、理清层次的作用。

图 2-1　百度脑图登录页面

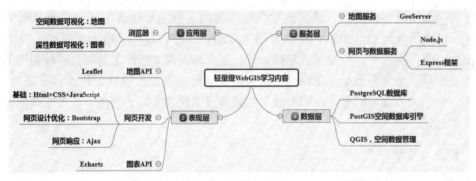

图 2-2　轻量级 WebGIS 学习内容归纳

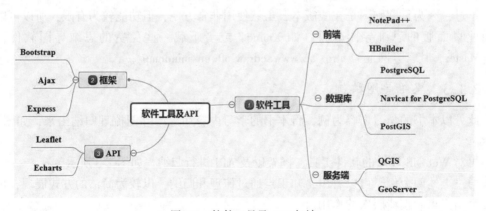

图 2-3　软件工具及 API 归纳

2.1.4 思维导图的优势

思维导图运用图文并重的技巧，把各级主题的关系用相互隶属与相关的层级图表现出来，把主题关键词与图像、颜色等建立记忆链接。思维导图充分运用左右脑的机能，利用记忆、阅读、思维的规律，协助人们在科学与艺术、逻辑与想象之间平衡发展，从而开启人类大脑的无限潜能。思维导图因此具有人类思维的强大功能。

思维导图是一种将思维形象化的方法。我们知道放射性思考是人类大脑的自然思考方式，每一种进入大脑的资料，不论是感觉、记忆或是想法，包括文字、数字、符码、香气、食物、线条、颜色、意象、节奏、音符等，都可以成为一个思考中心，并由此中心向外发散出成千上万的节点，每一个节点代表与中心主题的一个连接，而每一个连接又可以成为另一个中心主题，再向外发散出成千上万的节点，呈现出放射性立体结构，这些节点的连接可以视为一个人的记忆，就如同大脑中的神经元一样互相连接，也就是某个人的个人数据库。

2.2 Notepad++环境配置

2.2.1 Notepad++简介

Notepad++是代码编辑器或 Windows 中的小程序，用于文本编辑，在文字编辑方面与Windows 写字板功能相当，是一款开源、小巧、免费的纯文本编辑器。

2.2.2 Notepad++的优势

Notepad++内置支持多达 27 种语法高亮度显示，包括各种常见的源代码、脚本，值得一提的是，它还支持 .nfo 文件查看，也支持自定义语言。

Notepad++可自动检测文件类型，根据关键字显示节点，节点可自由折叠/打开，代码显示得非常有层次感。它对于像 HTML 之类的标记语言有很强的适应性，本节分别利用记事本和 Notepad++显示一个简单的 html 网页代码，显示的对比效果如图 2-4 所示。

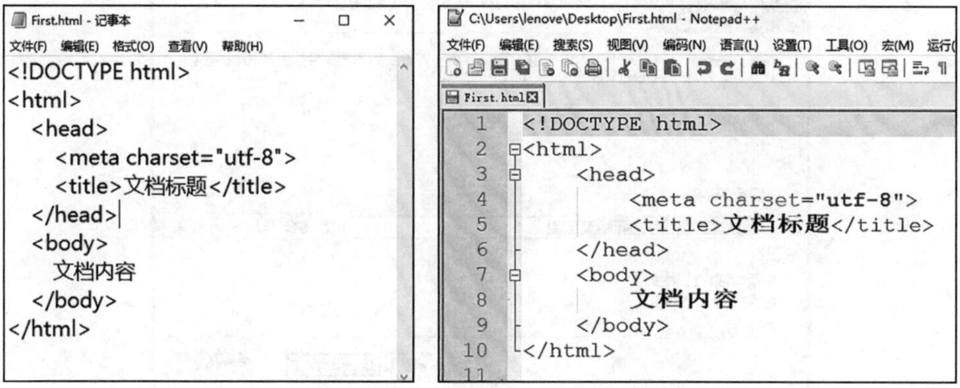

（a）记事本 （b）Notepad++

图 2-4 文本显示对比

从图 2-4 中可以看出，记事本虽然也较好地显示了网页内容，但 Notepad++则更有层次感，而且用不同的颜色标明不同的内容，可读性更强。

在大多数情况下，网站及 Web 系统开发一般都会在例如 eclipse、Visual Stutio、HBuilder 或者其他一些编译器中进行，但有的时候在查看某个文件或者做一些简单测试时，利用 Notepad++右键打开目标文件即可查看或者修改，这时就没有必要打开整个工程，可节省时间。

2.2.3　Notepad++安装配置

从官方网址 https://notepad-plus-plus.org/下载 Notepad++，可以选择不同的操作系统，根据自己的实际情况下载 32 位或者 64 位，当前的最新版本为 v7.5.8，如图 2-5 所示。

图 2-5　下载界面

运行下载后的安装包，点击"下一步"选择安装目录，再点击"下一步"，直到安装成功，如图 2-6 所示。

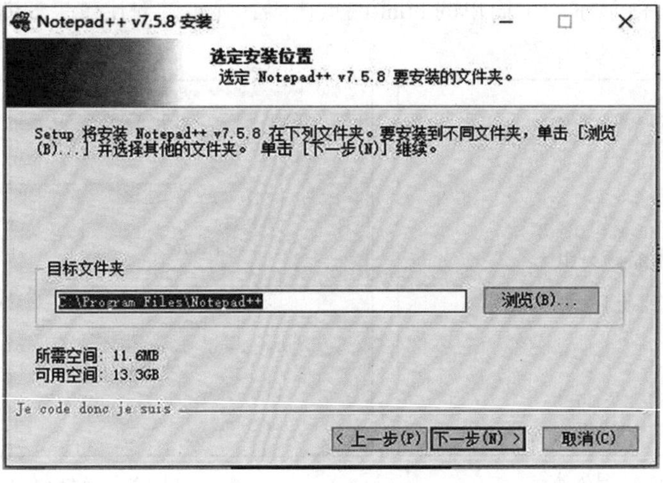

图 2-6　选择安装目录

安装成功如图 2-7 所示，最后单击"完成"按钮。

图 2-7 安装成功

2.2.4 用 Notepad++编写网页实例

新建一个扩展名为 .html 的文件 Firsthtml. html，右键选择 Notepad++，打开文件，在方框里写入如下代码，如图 2-8 所示。

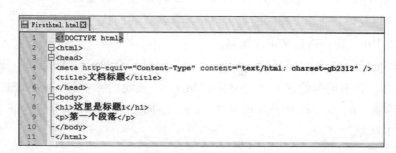

图 2-8 编写第一个 html

编写完成后，用浏览器打开 Firsthtml. html，效果如图 2-9 所示。

图 2-9 第一个网页运行效果

2.3 HBuilder 环境配置

2.3.1 HBuilder 简介

HBuilder 是 DCloud(数字天堂)推出的一款支持 HTML5 的 Web 开发 IDE。HBuilder 的编写用到了 Java、C、Web 和 Ruby 语言。HBuilder 本身主体是用 Java 编写的，它基于 Eclipse，所以顺其自然地兼容了 Eclipse 的插件。快，是 HBuilder 的最大优势，它通过完整的语法提示和代码输入法、代码块等，大幅度提升了 html、js、css 的开发效率。

2.3.2 HBuilder 的优势

HBuilder 是一个极客工具，追求无鼠标的极速操作。不管是敲代码的快捷设定，还是操作功能的快捷设定，HBuilder 的设计都融入了效率第一的设计思想。

HBuilder 的理念是坚持"程序员是 builder"：不为敲字母而花费时间，不为大小写拼错而调整半天，而是把精力花在思考上，想清楚后落笔如飞。支撑这个理念，除了要求体验上的精细设计之外，还要求我们突破很多世界级技术难题，包括语法库、语法结构模型、AST 语法分析引擎等。

另一个需要强调的理念是 H。顾名思义，HBuilder 是为 html 开发而设计的。相较于 java、.net、object-c 这些主流编程语言，html 开发者以往总感觉低人一等。但时代在变，前端代码越来越复杂，前端工程师的身价也持续攀高，我们认为 html5 需要一款配得上它的地位的高级 IDE，而不再是文本编辑器。

所以，HBuilder 主要用于开发 html、js、css，同时配合 html 的后端脚本语言如 php、jsp 也可以适用，还有前端的预编译语言，如 less，以及我们钟爱的 markdown，它都可以进行良好的编辑。从 2013 年夏天发布至今，HBuilder 已经成为业内主流的开发工具，拥有几十万个开发者。

2.3.3 HBuilder 下载与使用

可从官方网址 http：//dcloud. io/index. html 下载 HBuilder，HBuilder 是绿色免安装版本，下载解压后，点击 HBuilder 执行文件即可打开，下载界面如图 2-10 所示。

2.3.4 HBuilder 实例

以上一节的网页代码为例，利用 HBuilder 编写，就可以体会到其编译器的便利。首先打开 HBuilder，在 HBuilder 中新建一个 Web 项目，如图 2-11 所示。

设置项目名称和位置，项目名称为"HBuilderHtml5"，位置设置在"D：\ Workspace"中，如图 2-12 所示。

HBuilder 界面由工具条、项目管理目录、代码编辑与显示、效果实时预览 4 个部分组

图 2-10　下载界面

图 2-11　新建 Web 项目

成，如图 2-13 所示。

　　在上面新建的 HBuilderHtml5 项目目录中，包括 css 文件夹、img 文件夹、js 文件夹以及一个 index.html 文件，其中 css 文件夹专门用来放控制 html 网页显示风格的样式文件，img 文件夹放网页中引用的图片，js 文件夹专门用来放控制网页响应功能的 JavaScript 文件，当然也可以根据开发的需要加入其他文件夹，比如音乐、视频等文件夹。这样的目录体系，主要是采用了分类管理的策略和思想，把网页 html 文件、CSS 样式、代码 JavaScript、音乐、视频、图片等文件分不同的文件夹管理，在开发时思路清晰，各部分内

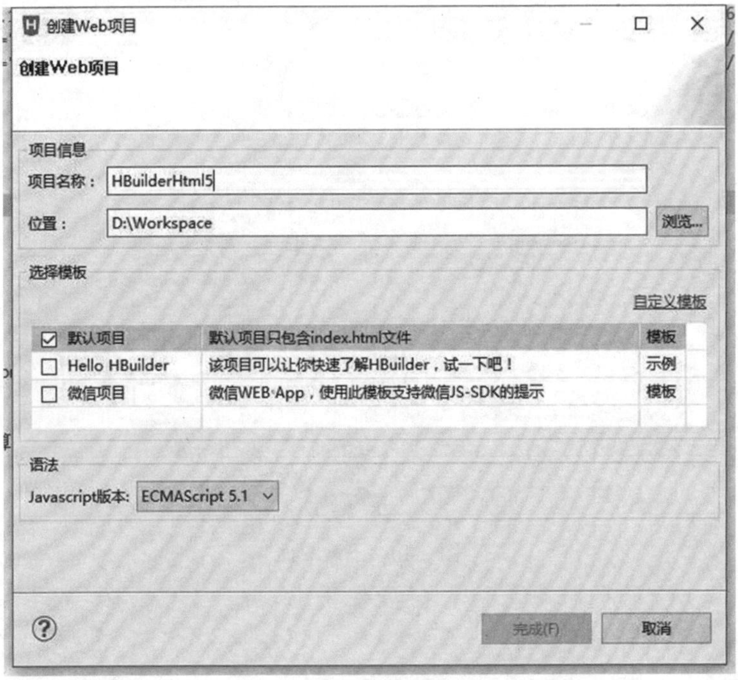

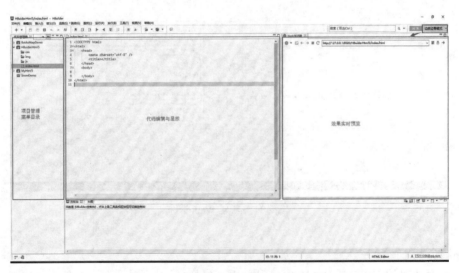

图 2-12　设置项目名称和位置

图 2-13　HBuilder 界面组成

容"分工合作、各负其责"。这样在后期维护时可降低维护成本，提高维护效率，避免"牵一发而动全身"的情况出现，分类管理目录体系如图 2-14 所示。

接下来，在 Body 中加入一个<header>标签，感受一下边写边提示、自动结束标签的

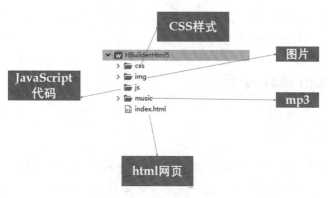

图 2-14　代码分类管理

效果，如图 2-15 所示。

图 2-15　代码提示功能

在 header 标签中输入"Hello，Builder"，在界面右上角选中"边改边看模式"，如图 2-16 所示。

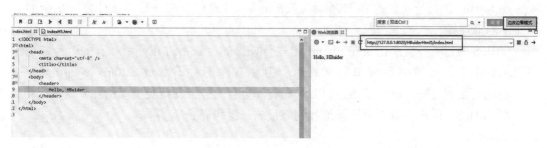

图 2-16　边改边看功能

为了更好地理解和使用 HBuilder，并且一睹网页地图的风采，下一章将会学习如何利用 Leaflet 地图库在网页中创建第一幅地图。

2.4 GitHub 环境配置

2.4.1 GitHub 简介

GitHub 是一个面向开源及私有软件项目的托管平台，因为只支持 git 作为唯一的版本库格式进行托管，故名 GitHub。GitHub 于 2008 年 4 月 10 日正式上线，除了 Git 代码仓库托管及基本的 Web 管理界面以外，它还提供了订阅、讨论组、文本渲染、在线文件编辑器、协作图谱(报表)、代码片段分享(Gist)等功能。目前，其注册用户已经超过 350 万，托管版本数量也是非常多，其中不乏知名开源项目 Ruby on Rails、jQuery、python 等。2018 年 6 月 4 日，微软宣布以 75 亿美元的股票交易收购代码托管平台 GitHub①。

GitHub 使用 Git 分布式版本控制系统，而 Git 最初是 LinusTorvalds 为帮助 Linux 开发而创造的，它针对的是 Linux 平台，因此 Git 和 Windows 从来不是最好的朋友，因为它一点也不像 Windows。后来，GitHub 发布了 GitHub for Windows，为 Windows 平台开发者提供了一个易于使用的 Git 图形客户端。

2.4.2 GitHub 的优势

作为开源代码库以及版本控制系统，GitHub 拥有超过 900 万开发者用户。随着越来越多的应用程序转移到了云上，GitHub 已经成为了管理软件开发以及查找已有代码的首选方法。

如前所述，作为一个分布式的版本控制系统，在 Git 中并不存在主库这样的概念，每一份复制出的库都可以独立使用，任何两个库之间的不一致之处都可以进行合并。

GitHub 可以托管各种 Git 库，并提供一个 Web 界面，但与其他如 SourceForge 或 Google Code 这样的服务不同，GitHub 的独特之处就在于从另外一个项目进行分支的简易性。为一个项目贡献代码非常简单：首先点击项目站点的"fork"按钮，然后将代码检出并将修改加入刚才分出的代码库中，最后通过内建的"pull request"机制向项目负责人申请代码合并。

在 GitHub 进行分支就像在 Myspace(或 Facebook)进行交友一样，在社会关系图的节点中不断地连线。

GitHub 项目本身自然也是在 GitHub 上进行托管的，只不过在一个私有的、公共视图不可见的库中。开源项目可以免费托管，但私有库则并不如此。Chris Wanstrath——GitHub 的开发者之一，肯定了通过付费的私有库会在财务上支持免费库的托管这一计划。

在 GitHub，用户可以十分轻松地找到海量的开源代码。

---

① 源自百度百科：https://baike.baidu.com/item/GitHub/10145341.

2.4.3　GitHub 账号注册

首先，在官方网站 https：//github.com/注册账号，如图 2-17 所示。

图 2-17　主页

然后，点击"Sign up for GitHub"，进入注册页面，如图 2-18 所示。

图 2-18　注册页面

2.4.4　GitHub for Windows 下载与安装

首先，从官方网站 https：//desktop.github.com/ 下载 GitHub for Windows，可以选择不同的操作系统，默认为 64 位，如图 2-19 所示。

图 2-19　GitHub for Windows 下载页面

其次，点击下载后的 exe 文件，运行效果如图 2-20 所示。

图 2-20　GitHub for Windows 安装页面

再次，点击 Sign in to GitHub.com，用刚才注册的账号密码来登录，如图 2-21 所示。

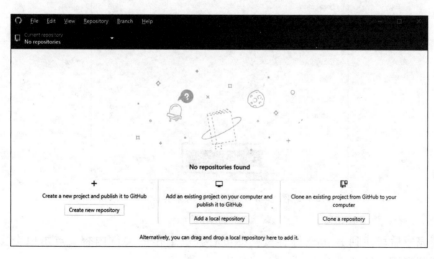

图 2-21　GitHub for Windows 登录界面

最后，输入用户名和密码，登录后继续输入个人信息，进入下一步，打开 GitHub 主界面，如图 2-22 所示，包括 3 个部分，左边是创建新的目录；中间是添加自己本地的某个工程目录的代码并同步发布到互联网中自己的 GitHub 账户中，供所有人访问下载；右边是克隆一个自己 GitHub 网络账户中已有的工程或者通过 Fork 关注的自己感兴趣的开放源代码。

图 2-22　GitHub 主界面

2.4.5 代码托管实例

这里以一个代码目录创建为例，假设现在已经有了一个开发的工程目录 D：\
77211356 \ GitHub \ GitHubTestPublish 在本地电脑上，想要将代码托管并发布到 GitHub 服务器上，可以点击"Add local repository"，并选择对应目录，页面如图 2-23 所示。

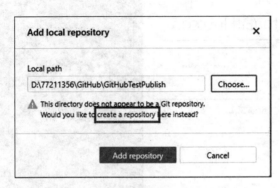

图 2-23　选择工程目录界面

选择要发布的工程目录后，点击"Create repository"，输入相关描述，如图 2-24 所示。

图 2-24　创建托管目录界面

创建完成后切换到 History 标签页，即可看到已上传的文件内容。点击单个文件，在右侧浏览其内容，如图 2-25 所示。

如果要将代码发布，可以点击页面中间上面的"Publish repository"，弹出以下页面，需

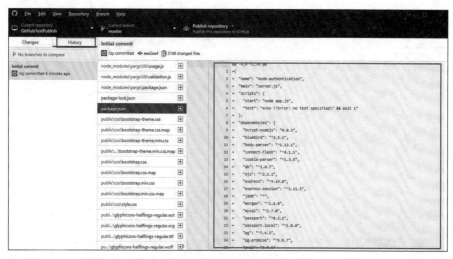

图 2-25　代码上传预览页面

要注意的是发布后，所有人可见并且可以下载，用户需要将下面的"Keep this code private"选项去掉，如果不想让所有人都看见，可以设置为付费，具体方法可以查看 GitHub 官方网站，付费后可以勾选"Keep this code private"选项。这里以公开代码为例进行说明，如图 2-26 所示。

图 2-26　代码发布参数设置页面

去掉"Keep this code private"选项后，再点击"Publish repository"，稍等片刻，如果代码工程文件较多且文件较大，则需要等待较长时间，一直到页面上方的按钮变成了"Fetch origin"后，说明发布成功了，如图 2-27 所示。

如果想在网站上查看已经发布的代码工程，可切换到 History 标签页，右键选中工程，点击"View on GitHub"，或者在最上面的菜单中点击"Repository"→"View on GitHub"，这

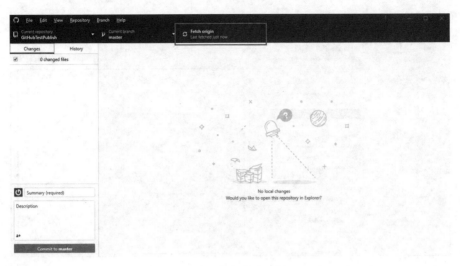

图 2-27　代码发布成功

样也可以打开发布页面，如图 2-28 所示。

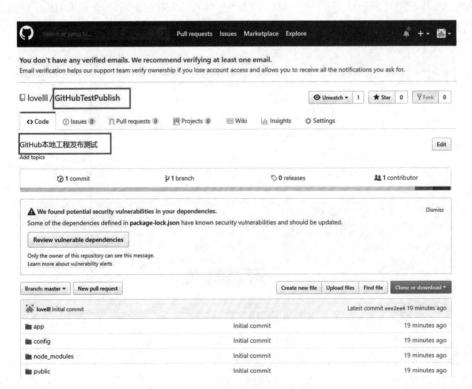

图 2-28　在线查看已发布的代码工程

此时，网页址栏里的网址就可以分享给需要代码参考的人，如图 2-29 所示。

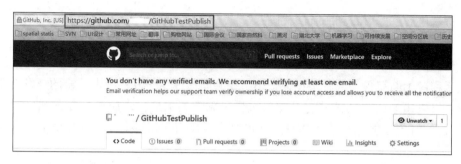

图 2-29　代码发布的地址链接

2.4.6　代码下载与贡献实例

从 GitHub 网站上下载代码主要有两种方法，分别在不同的情况下使用：第一种是直接在发布代码的页面下载代码压缩包，这种方法多数用在只是学习和参考现有开源代码，而不对此源代码进行任何修改、维护或者贡献的情况；第二种则是除了要学习和参考现有源代码外，还想作为代码贡献者对现有的开源代码或者程序不断完善，或者是在一个小组共同完成一个软件或者系统的开发需要协同工作时，可以用 Fork 的方式建立一个代码分支，不仅可以随时得知该开源代码的更新状况，还可以将修改后的代码上传到服务器，经这个工程的负责人审核，确认无误后再进行代码合并。

1. 直接下载压缩包

以刚才上传发布的工程为例，如果只想下载代码而不做修改，在打开代码的共享链接后，可以直接点击绿色按钮"Clone or download"→"Download ZIP"，如图 2-30 所示。

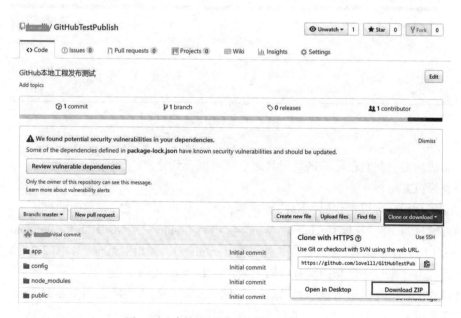

图 2-30　直接通过网页链接下载开源代码

下载解压后，即可看到所有源代码。

2. 代码协同与共享

代码协同与共享主要为代码贡献者提供服务，所有的 Fork 成员都可以对现有的开源代码或者程序不断完善，或者是在一个小组要共同完成一个软件或者系统的开发需要协同工作时，可以用 Fork 的方式建立分支，将代码克隆到本地，之后各自完善和修改，通过 Pull Requests 上传，通过负责人审核后即可以将各自的代码与工程代码合并。

1）分支（Fork）

GitHub 开源代码的来源一般是一个网址，例如 BlenderGIS 的开源代码的网址为 https：//github.com/domlysz/BlenderGIS。当打开源代码的共享链接时，在右上角的位置可以看到 Fork，点击即可跟踪，如图 2-31 所示。

图 2-31　开源代码网页链接

Fork 成功后，在自己账户的代码目录里就可以看到分支，如图 2-32 所示。

2）克隆（Clone）

Fork 成功后，可以把代码"下载"到本地，不过这里的"下载"和前面的直接下载不同，这里叫克隆（Clone），通过 GitHub for Windows 进行 Clone。打开 GitHub for Windows，点击"File"→"Clone repository"，或按住快捷键 Ctrl+Shift+O，弹出对话框，如图 2-33 所示，对话框中包含自己账户中建立的所有代码工程以及 Fork 的代码工程。

选择要把代码克隆到本地的目录后，点击"Clone"，进入克隆，如图 2-34 所示。

克隆完成后，GitHub 客户端的当前目录就切换到了刚才克隆的 BlenderGIS 代码，在本地相应的文件夹下也可以找到代码目录，如图 2-35 所示。

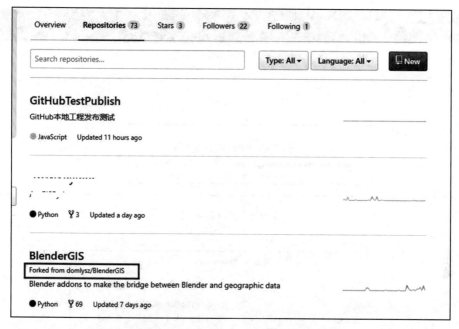

图 2-32　Fork 成功后自己账户中多了分支

图 2-33　选择要 Clone 的工程

图 2-34　代码 Clone 进度

GitHub › BlenderGIS ›		
名称	修改日期	类型
.git	2018-9-4 19:46	文件夹
clients	2018-9-4 19:44	文件夹
core	2018-9-4 19:44	文件夹
icons	2018-9-4 19:44	文件夹
operators	2018-9-4 19:44	文件夹
__init__.py	2018-9-4 19:44	Python File
geoscene.py	2018-9-4 19:44	Python File
prefs.py	2018-9-4 19:44	Python File
README.md	2018-9-4 19:44	MD 文件

图 2-35　Clone 后的代码目录

3）上传（Pull request）

贡献的最后一步就是将各自分工部分的代码或者修改完善后的代码上传，但为了保证修改代码的质量，因此这里上传 Pull request 后，还需要经过此开源工程负责人或者发起人的审核，只有审核通过后，才能与主代码合并，其他分支才能更新该分支上传的最新代码。

例如，Fork 了一个工程，代码地址为 https：//github.com/QiaoFeng0419/Bootstrap SiteBlueprints，将此代码克隆到本地，如图 2-36 所示。

克隆后，修改某个文件，在 GitHub for Windows 对应处就会有变化提醒，如图 2-37 所示。

可以将变化的内容写到变化描述中，并提交上传到服务器，如图 2-38 所示。

上传后变化提醒就没有了，在右上角会出现"Pull request"按钮，在不同版本的 GitHub for Windows 中该按钮的显示位置可能不同，点击"Pull request"按钮，如图 2-39 所示。

图 2-36　代码 Clone 页面

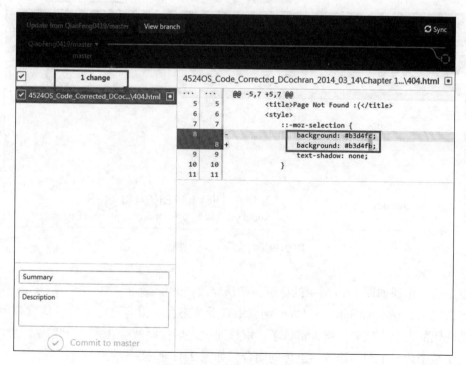

图 2-37　代码变化提醒页面

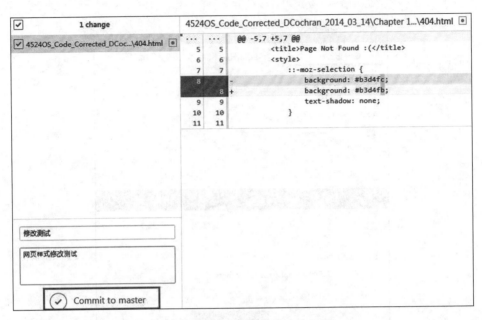

图 2-38 代码变化提醒描述并上传

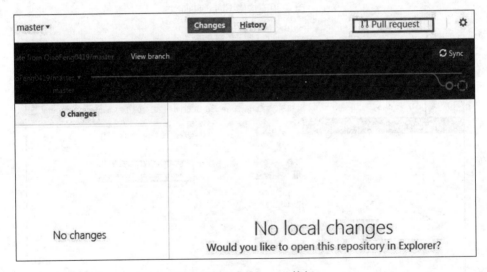

图 2-39 "Pull request"按钮

点击后，出现如图 2-40 所示的提示，确认修改描述。

点击"View it on GitHub"，可以到网页中查看状态，如果有自己上传的信息提示就可以等待代码的发起人或者负责人审核了，审核通过之后代码就会合并到总代码工程中，也就完成了整个代码下载→修改→上传的闭合，如图 2-41 所示。

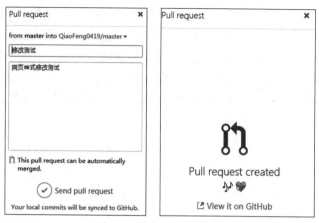

图 2-40 Pull request 上传

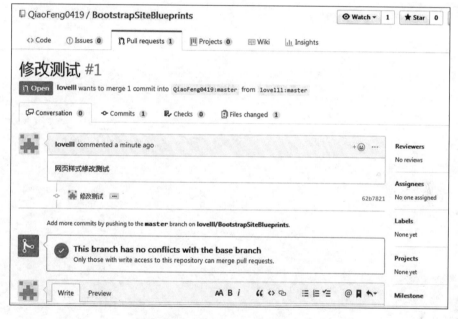

图 2-41 Pull request 上传后等待审核

当然，初学者可能一开始还达不到某个开源代码的规范和要求，可以用此方法自己学习，自己新建代码工程，不断维护自己的代码工程，这样既可以保护代码，以防丢失，还能方便管理，比如换了电脑，换了工作环境，或者自己电脑上的代码不小心遗失，只需要从账户里下载之前上传的版本即可。

2.5 本章小结

本章介绍了一种梳理知识和总结归纳的适用小工具——思维导图，之所以放在本章介绍，就是帮助读者在学习之前，对自己的学习内容有良好的规划和计划，理清学习思路，明确学习步骤，这样在后面的学习中才能有的放矢，提高效率。思维导图不仅可以用在本书的学习，在平时的日常生活和学习中也可以帮助大家进行知识归纳和梳理，是一款十分通用的学习辅助工具。关于编译器的选择，其实用于网页类编程的编译器有很多，这里再给大家推荐一款非常好用的编译器，即 VS Code，官方网站 https：//code. visualstudio. com/。当然，也不局限于本书中向大家推荐的编译器，读者可以根据自己的兴趣和习惯选用。

第 3 章　Leaflet 环境配置

本章主要介绍一款有代表性的开源在线地图开发库 Leaflet 及其下载安装配置方法和操作实例，帮助读者对 WebGIS 的前端地图有初步了解，为后续章节的学习奠定基础。

3.1　Leaflet 简介

Leaflet 是一个为建设移动设备友好的互动地图而开发的现代的、开源的 JavaScript 库。它是由 Vladimir Agafonkin 带领一个专业贡献者团队开发出来的，虽然代码仅有 33 KB，但它却具有开发在线地图的大部分功能。

Leaflet 的扩展性很强，比如 Esri 对 Leaflet 的扩展 esri-leaflet，同时也有国内的开发人员对它加入了如天地图、MapABC、高德等的扩展，这些扩展可以在 Leaflet 的 Plugins 里面找到。

3.2　Leaflet 的优势

Leaflet 设计坚持简便、高性能和可用性好的思想，在所有主要桌面和移动平台能高效运作，在现代浏览器上可利用 HTML5 和 CSS3 的优势，同时也支持旧的浏览器访问。支持插件扩展，有一个友好、易于使用的 API 文档和一个简单可读的源代码。

3.3　Leaflet 下载与配置

Leaflet 官方下载地址为 https：//leafletjs. com/download. html，目前最新版本为 1.3.4，如图 3-1 所示。

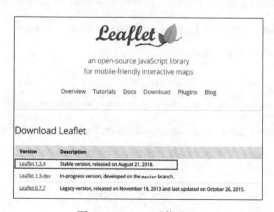

图 3-1　Leaflet 下载地址

3.4 Leaflet 举例

此时，HBuilder 又出场了。打开 HBuilder，新建 Web 项目，命名为 LeafletFirst，如图 3-2 所示。

图 3-2 利用 HBuilder 新建 Web 项目 LeafletFirst

Leaflet 的 js 和 css 样式库可以通过 CDN 在线引用，具体引用方法可参照 Leaflet 官网的第一个 Leaflet Quick Start Guide 例子，网址为 https：//leafletjs.com/examples/quick-start/，如图 3-3 所示。

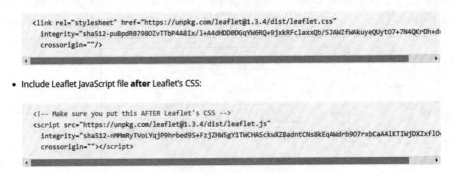

图 3-3 Leaflet 类库官网在线引用举例

打开 index.html，在 \<head\> 标签中添加在线引用 Leaflet 的 js 和 css 样式代码：

```
<! —Load Leaflet from CDN —>
<link rel = " stylesheet " href = " https:// unpkg.com/leaflet @ 1.3.4/
dist/leaflet.css"
integrity = " sha512-puBpdR0798OZvTTbP4A8Ix/1 + A4dHDD0DGqYW6RQ + 9jxk
RFclaxxQb/SJAWZfWAkuyeQUytO7+7N4QKrDh+drA==" crossorigin = ""/>
<script src ="https://unpkg.com/leaflet@ 1.3.4/dist/leaflet.js"
integrity = " sha512-nMMmRyTVoLYqjP9hrbed9S + FzjZHW5gY1TWCHA5ckwXZ
BadntCNs8kEqAWdrb9O7rxbCaA4lKTIWjDXZxflOcA
==" crossorigin =""></script>
```

　　然后，在<body>标签中加入一个 DIV 标签，用于放置地图，具体 html 代码如下：

```
<div id="map" style="height:800px"></div>
```

　　继续加入 Script 代码，调用地图 API 显示地图，此处以 openstreetmap 底图为例，代码如下：

```
<script>
var map = L.map( "map").setView([30.56486,114.353622 ], 10);
L.tileLayer ('https:// {s} .tile.openstreetmap.org/{z}/{x}/{y}
.png? {foo}', {foo: 'bar'}).addTo(map);
</script>
```

　　完整代码显示如图 3-4 所示。

```
1  <!DOCTYPE html>
2  <html>
3   <head>
4     <meta charset="utf-8" />
5
6     <!-- Load Leaflet from CDN -->
7     <link rel="stylesheet" href="https://unpkg.com/leaflet@1.3.4/dist/leaflet.css"
8     integrity="sha512-puBpdR0798OZvTTbP4A8Ix/1+A4dHDD0DGqYW6RQ+9jxkRFclaxxQb/SJAWZfWAkuyeQUytO7+7N4QKrDh+drA=="
9     crossorigin=""/>
10    <script src="https://unpkg.com/leaflet@1.3.4/dist/leaflet.js"
11    integrity="sha512-nMMmRyTVoLYqjP9hrbed9S+FzjZHW5gY1TWCHA5ckwXZBadntCNs8kEqAWdrb9O7rxbCaA4lKTIWjDXZxflOcA=="
12    crossorigin=""></script>
13
14    <title>第一个leaflet地图</title>
15   </head>
16  <body >
17    <div id="map" style="height: 800px;"></div>
18  </body>
19
20  <script>
21    var map = L.map("map").setView([30.56486,114.353622 ], 10);
22    L.tileLayer('https://{s}.tile.openstreetmap.org/{z}/{x}/{y}.png?{foo}', {foo: 'bar'}).addTo(map);
23  </script>
24
25 </html>
```

图 3-4　Leaflet 第一个例子完整 html 代码

　　最后，代码添加后，如无错误，打开浏览器预览，可以看到如图 3-5 所示效果。

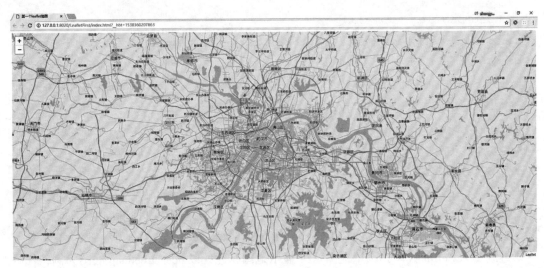

图 3-5　Leaflet 第一个例子运行效果

3.5　示例代码优化

在之前 HBuilder 一章中提到了要将脚本、代码、样式分开，实现分类管理、协同合作的代码风格，这里就按照此原则将上文这个本地引用 Leaflet 类库例子的代码进行优化。

首先，将 html 主页中的 javascript 代码分离出去，在 js 目录中新建 js 文件 LeafletMap.js，将调用地图的 javascript 代码封装到这里，代码如下：

```
var map;
function init(){
    map = L.map("map").setView([30.56486,114.353622 ],10);
    L.tileLayer('https://{s}.tile.openstreetmap.org/{z}/{x}/{y}
.png?{foo}',{foo:'bar'}).addTo(map);
}
```

同时，删除 index.html 主页中的 script 代码段，并且在 body 标签中加入 onload 函数，如图 3-6 所示。

```
<body onload="init()">
    <div id="map"></div>
</body>
<!--<script>
    var map = L.map("map").setView([30.56486,114.353622 ], 10);
    L.tileLayer('https://{s}.tile.openstreetmap.org/{z}/{x}/{y}.png?{foo}', {foo: 'bar'}).addTo(map);
</script>-->
</html>
```

图 3-6　主页中删除 js 代码

由于新建了 js 文件，主页需要将整个 LeafletMap.js 文件像引用其他 js 文件一样引入进来，修改后 html 主页中的代码如图 3-7 所示。

```
1  <!DOCTYPE html>
2  <html>
3    <head>
4      <meta charset="utf-8" />
5
6      <!-- Load Leaflet from CDN -->
7      <link rel="stylesheet" href="https://unpkg.com/leaflet@1.3.4/dist/leaflet.css"
8      integrity="sha512-puBpdR0798OZvTTbP4A8Ix/l+A4dHDD0DGqYW6RQ+9jxkRFclaxxQb/5JAWZfWAkuyeQUytO7+7N4QKrDh+drA=="
9      crossorigin=""/>
10     <script src="https://unpkg.com/leaflet@1.3.4/dist/leaflet.js"
11     integrity="sha512-nMMmRyTVoLYqjP9hrbed9S+FzjZHW5gY1TWCHA5ckwXZBadntCNs8kEqAWdrb9O7rxbCaA4lKTIWjDXZxflOcA=="
12     crossorigin=""></script>
13
14     <script type="text/javascript" src="js/LeafletMap.js"></script>
15
16     <title>第一个leaflet地图</title>
17   </head>
18   <body onload="init()">
19     <div id="map"></div>
20   </body>
21 </html>
```

图 3-7　js 代码分离修改后主页代码

　　然后，再将显示地图 div 的 style 样式也分离出来，形成一个单独的文件，在 css 文件夹中，新建 leafletAPI.css，输入如下代码：

```
/*地图主窗口样式*/
#map{
    margin-top：50px；/*距离顶端50,一般上面是导航条,给导航条预留空间*/
    position：absolute;
    top:0;
    bottom:0;
    right:0;
    left:0;
    }
```

　　在 index.html 主页中，引入 leafletAPI.css，并删除 id="map"的 div 标签中的样式代码 style="height：800px"，修改后 html 主页的完整代码如图 3-8 所示。

```
1  <!DOCTYPE html>
2  <html>
3    <head>
4      <meta charset="utf-8" />
5
6      <!-- Load Leaflet from CDN -->
7      <link rel="stylesheet" href="https://unpkg.com/leaflet@1.3.4/dist/leaflet.css"
8      integrity="sha512-puBpdR0798OZvTTbP4A8Ix/l+A4dHDD0DGqYW6RQ+9jxkRFclaxxQb/5JAWZfWAkuyeQUytO7+7N4QKrDh+drA=="
9      crossorigin=""/>
10     <script src="https://unpkg.com/leaflet@1.3.4/dist/leaflet.js"
11     integrity="sha512-nMMmRyTVoLYqjP9hrbed9S+FzjZHW5gY1TWCHA5ckwXZBadntCNs8kEqAWdrb9O7rxbCaA4lKTIWjDXZxflOcA=="
12     crossorigin=""></script>
13
14     <link rel="stylesheet" href="css/leafletAPI.css" />
15     <script type="text/javascript" src="js/LeafletMap.js"></script>
16
17     <title>第一个leaflet地图</title>
18   </head>
19   <body onload="init()">
20     <div id="map"></div>
21   </body>
22 </html>
```

图 3-8　样式分离修改后主页代码

Html、css、javascript 代码分离后，分类管理工程的结构目录如图 3-9 所示。

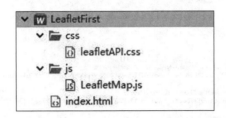

图 3-9 分类管理工程目录体系

整个工程体系逻辑思路清晰，各类文件分别管理又协同工作，可以极大地提高编码效率并降低后期维护成本。修改后的网页地图预览效果如图 3-10 所示。

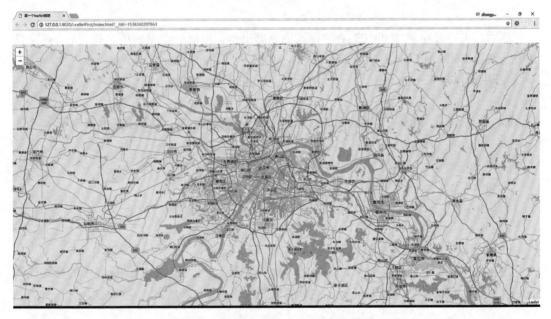

图 3-10 代码体系优化后地图预览效果

优化后示例源码下载地址：https：//github. com/lizyagrs/LeafletFirst。

3.6 本章小结

本章详细介绍了 Leaflet 在线地图开发库，包括特点、优势以及如何下载和安装配置等方面。在此基础上，为了帮助读者更好地了解 Leaflet 并且上手，本章还提供了一个实际应用案例供大家参考。为了增强代码的可读性，本章还讲解了代码优化的思路和方法。

第4章 数据库环境配置

众所周知，数据库是 WebGIS 的核心内容之一，涉及的数据库一般为属性数据库和空间数据库。本章将介绍开源数据库 PostgreSQL 及其空间数据库引擎 PostGIS，这两者组合使用可以很好地进行属性数据和空间数据的管理。为了便于大家学习，本章分别介绍了两款软件的下载安装与环境配置，为后文数据库连接与访问的学习奠定基础。

4.1 PostgreSQL 环境配置

4.1.1 PostgreSQL 简介

PostgreSQL 是以加州大学伯克利分校计算机系开发的 POSTGRES（现在已经更名为 PostgreSQL），以版本 4.2 为基础的对象-关系型数据库管理系统（ORDBMS）。PostgreSQL 支持大部分 SQL 标准并且拥有许多其他特性：复杂查询、外键、触发器、视图、事务完整性、MVCC。同样，PostgreSQL 可以用许多方法扩展，例如，通过增加新的数据类型、函数、操作符、聚集函数、索引。用户可免费使用、修改和分发 PostgreSQL，不管是私用、商用还是学术研究使用。

4.1.2 PostgreSQL 的优势

PostgreSQL 不受任何公司或其他私人实体控制。它是开源的，其源代码是免费提供的。PostgreSQL 是跨平台的，可以在许多操作系统，如 Linux、FreeBSD、OS X、Solaris 和 Microsoft Windows 等上面运行。

GiST 现在也成为很多其他使用 PostgreSQL 公共项目的基础，如 OpenFTS 和 PostGIS 项目。OpenFTS（开源全文搜索引擎）项目提供在线索引和数据库搜索的相当权重评分。PostGIS 项目为 PostgreSQL 增加了地理信息管理功能，允许用户将 PostgreSQL 作为 GIS 空间地理信息数据库使用，这和专业的 ESRI 公司的 SDE 系统以及 Oracle 的空间地理扩展模块功能相同。

4.1.3 PostgreSQL 下载

从官方网址：https：//www. postgresql. org/download/ 或者 PostgreSQL 中文社区网址 http：//www. postgres. cn/download/下载 PostgreSQL，可以选择不同的操作系统，根据自己的实际情况下载 32 位或者 64 位，当前的最新版本为 10.4，如图 4-1 所示。

图 4-1　在官方网站下载 PostgreSQL

4.1.4　PostgreSQL 安装

运行下载后的安装包，单击"Next"，选择安装目录，设置密码【备忘】，端口默认为 5432，无需修改，一直单击下一步，直到安装成功，如图 4-2 所示。

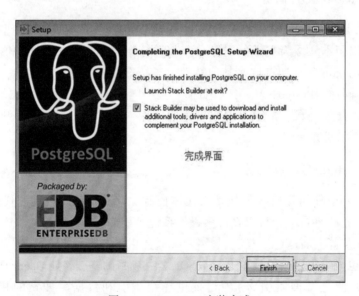

图 4-2　PostgreSQL 安装完成

4.1.5　PostgreSQL 可视化管理工具

可以下载安装 PostgreSQL 数据库的可视化客户端工具，如果仅是一般的关系数据访问与管理，可以使用 Navicat for PostgreSQL。下载地址为 https：//www. navicat. com/en/download/navicat-for-postgresql，如图 4-3 所示。

安装成功后，运行 Navicat for PostgreSQL，输入连接属性，连接之前安装好的数据库 PostgreSQL，如图 4-4 所示。

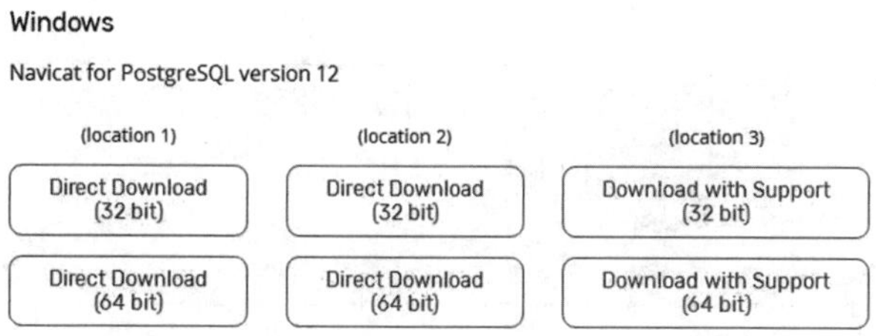

Windows

Navicat for PostgreSQL version 12

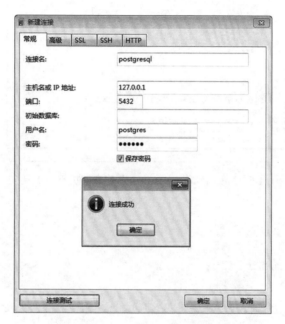

图 4-3　Navicat for PostgreSQL 下载

图 4-4　Navicat for PostgreSQL 连接测试

在成功连接数据库后打开数据库，进入 Public 表空间，建立新表 userinfo，包含 id、username、password、email、telephone 几个字段，字段属性如图 4-5 所示。

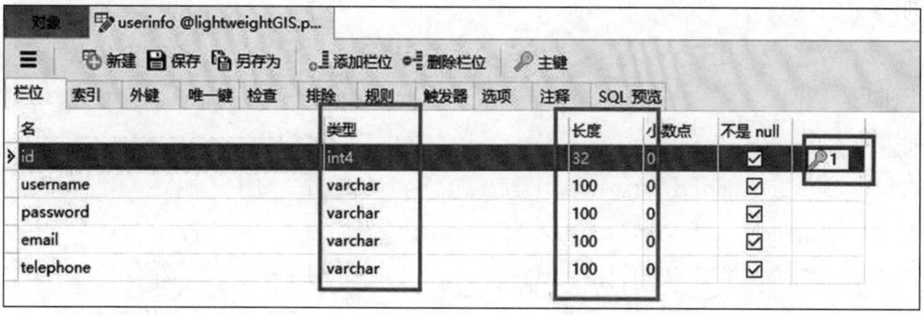

图 4-5　Navicat for PostgreSQL 新建表结构 userinfo

也可以通过新建查询，用 SQL 语句创建表格，创建过程如图 4-6 所示。

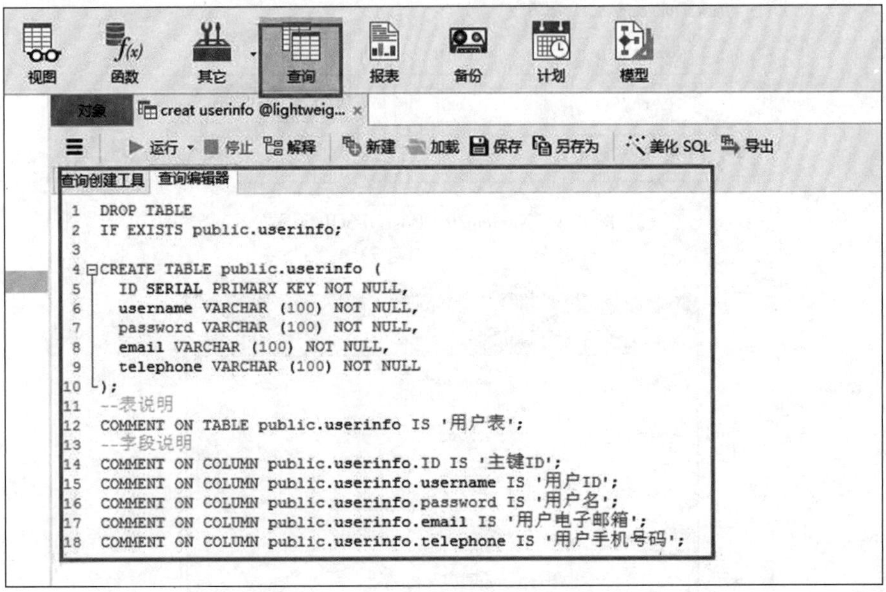

图 4-6　Navicat for PostgreSQL 新建查询执行 SQL 语句

SQL 代码如下：

```
DROP TABLE
IF EXISTS public.userinfo;
CREATE TABLE public.userinfo (
        ID SERIAL PRIMARY KEY NOT NULL,
        username VARCHAR (100) NOT NULL,
        password VARCHAR (100) NOT NULL,
        email VARCHAR (100) NOT NULL,
        telephone VARCHAR (100) NOT NULL
);
--表说明
COMMENT ON TABLE public.userinfo IS'用户表';
--字段说明
COMMENT ON COLUMN public.userinfo.ID IS '主键 ID';
COMMENT ON COLUMN public.userinfo.username IS '用户 ID';
COMMENT ON COLUMN public.userinfo.password IS '用户名';
COMMENT ON COLUMN public.userinfo.email IS '用户电子邮箱';
COMMENT ON COLUMN public.userinfo.telephone IS '用户手机号码';
```

4.2　PostGIS 环境配置

4.2.1　PostGIS 简介

PostGIS 是对象-关系型数据库系统 PostgreSQL 的一个扩展，PostGIS 可提供以下空间信息服务功能：空间对象、空间索引、空间操作函数和空间操作符。同时，PostGIS 遵循 OpenGIS 的规范。

4.2.2　PostGIS 的特点

一般的 GIS 项目中，不可避免地会用到空间数据的管理与处理，由于空间数据具有空间位置、非结构化、空间关系、分类编码、海量数据等特征，一般的商用数据库管理系统难以满足要求。它的出现让人们开始重视基于数据库管理系统的空间扩展方式，而且 PostGIS 有望成为今后管理空间数据的主流技术。

4.2.3　PostGIS 安装配置

PostGIS 官方下载地址为 http：//postgis. net/install/，下载时需要注意版本与之前安装的 PostgreSQL 相对应，如图 4-7 所示。

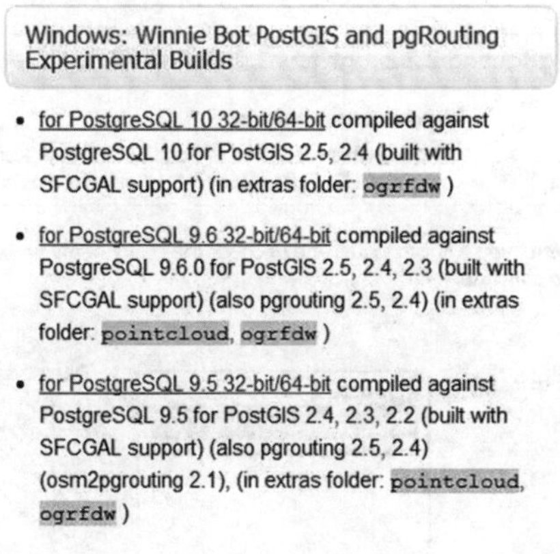

图 4-7　PostGIS 版本

下载对应的版本后，点击安装。在安装之前，一定要确认之前安装的 PostgreSQL 数据库服务已启动。打开计算机的任务管理器——服务中，查看数据库服务状态，如图 4-8 所示。如果是停止状态，则右键点击选择启动服务，如图 4-9 所示。

图 4-8　PostgreSQL 数据库服务状态

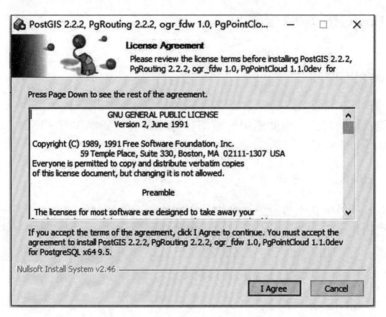

图 4-9　安装

单击"I Agree"后，弹出以下窗口，将创建空间数据库勾选出来，如图 4-10 所示。

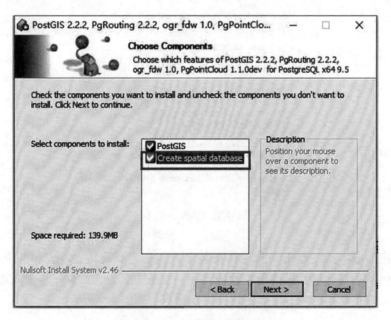

图 4-10　勾选创建空间数据库

默认安装到 PostgreSQL 数据库的目录，前文将 PostgreSQL 数据库安装到了 D 盘目录下，如图 4-11 所示。

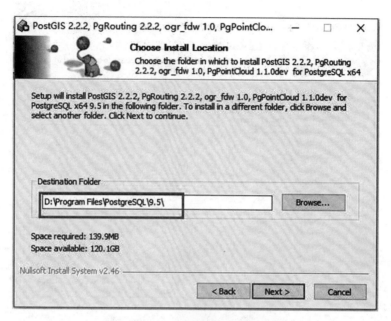

图 4-11　选择安装目录

单击下一步，输入数据库的密码，如图 4-12 所示。

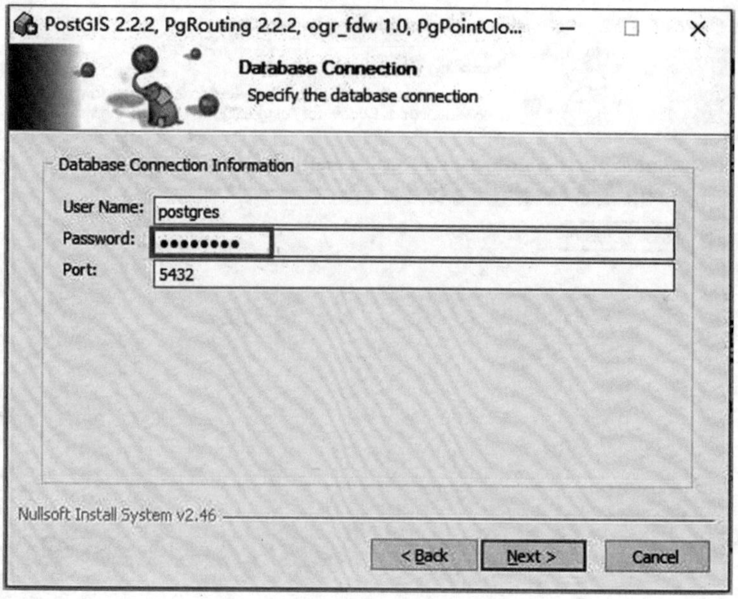

图 4-12　输入数据库密码

单击下一步后，输入空间数据库名称，如图 4-13 所示。

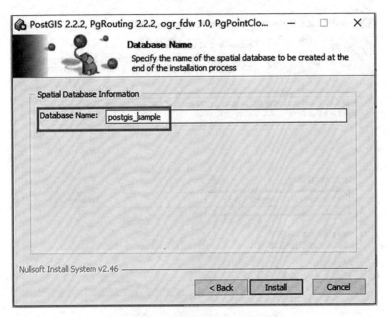

图 4-13　填写空间数据库名称

点击安装后，进入安装状态，如图 4-14 所示。

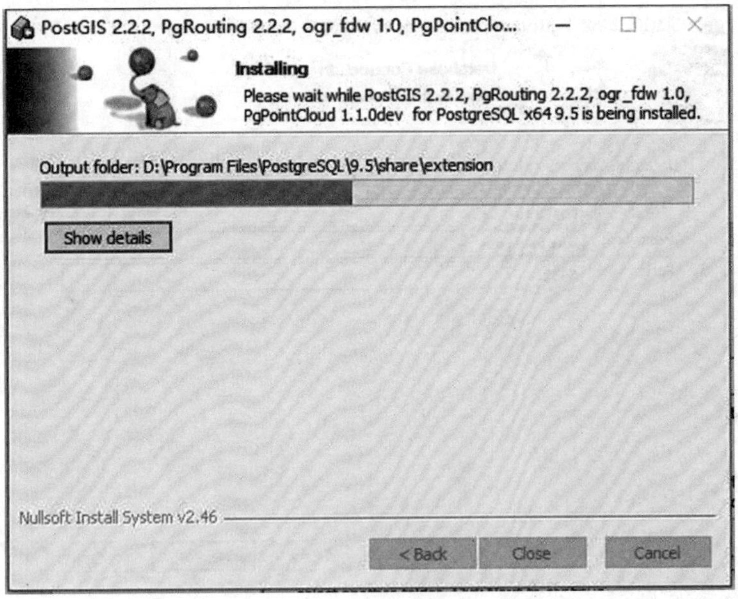

图 4-14　进入安装状态

安装过程中，会弹出以下对话框，提示是否注册 GDAL_DATA 环境变量，如果后面会用到 GDAL，可以选"是"，否则选"否"，此处选"是"，如图 4-15 所示。

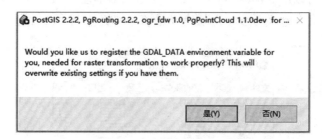

图 4-15　GDAL_DATA 环境变量选择

点击"是"后，页面又会询问是否配置 GDAL 数据驱动，选择"是"，如图 4-16 所示。

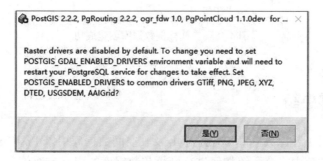

图 4-16　GDAL 数据驱动服务设置选择

之后操作一直选择"是"，继续安装，如果没有错误则会提示安装成功，如图 4-17 所示。

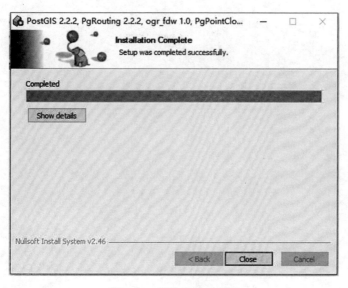

图 4-17　安装成功示意图

安装成功后，可以用 Navicat for PostgreSQL 连接查看空间数据库是否创建成功。如果成功，则数据库里会有 postgis_sample 数据夹存在，如图 4-18 所示。

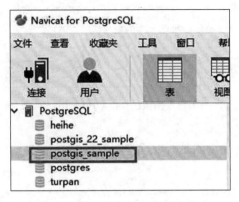

图 4-18　空间样例数据库创建成功

4.3　本章小结

本章主要介绍了开源数据库 PostgreSQL 及其空间数据库引擎 PostGIS 的下载安装与使用方法，后面的章节中将会介绍如何进行网页与数据库的交互与通信。

第5章　Node.js 环境配置

本章将介绍 Node.js 的下载、安装和配置。Node.js 是轻量级 Web 应用的核心和基础，将其引入 WebGIS 的开发和学习中，也是充分体现其"轻量"的优势，进而降低 WebGIS 开发的学习难度以及准入门槛。

5.1　Node.js 简介

Node.js 是一款基于 Chrome V8 引擎的 JavaScript 运行环境。其发布于 2009 年 5 月，由 Ryan Dahl 开发。Node.js 使用了一个事件驱动、非阻塞式 I/O 的模型，使其轻量又高效。Node.js 的包管理器 npm 是全球最大的开源库生态系统。

5.2　Node.js 的优势

Chrome V8 引擎执行 JavaScript 的速度非常快，性能很好。Node.js 是一个基于 Chrome JavaScript 运行时建立的平台，可轻松搭建响应速度快、易于扩展的网络应用。在几年的时间里，Node.js 逐渐发展成一个成熟的开发平台，吸引了许多开发者。有许多大型高流量网站采用 Node.js 进行开发。此外，开发人员还可以使用它来开发一些快速移动 Web 框架。

除了 Web 应用外，Node.js 也被应用在许多其他方面，包括应用程序监控、媒体流、远程控制、桌面和移动应用等。

5.3　Node.js 下载与安装

从官方网站下载 https：//nodejs.org/en/ 或者 Node.js 中文网站网址 http：//nodejs.cn/download/ 下载 Node.js，可以选择不同的操作系统，根据自己的实际情况下载 32 位或者 64 位，当前的最新版本为 10.5.0，如图 5-1 所示。

运行下载后的安装包，单击下一步，选择安装目录，此处以 D：\ nodejs 文件夹为例，如图 5-2 所示，一直单击下一步直到安装成功。

打开 CMD 命令窗体，输入"node -v"，如果能正常显示版本号，则证明安装成功，如图 5-3 所示。

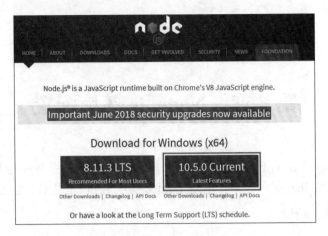

图 5-1　Node. js 下载界面

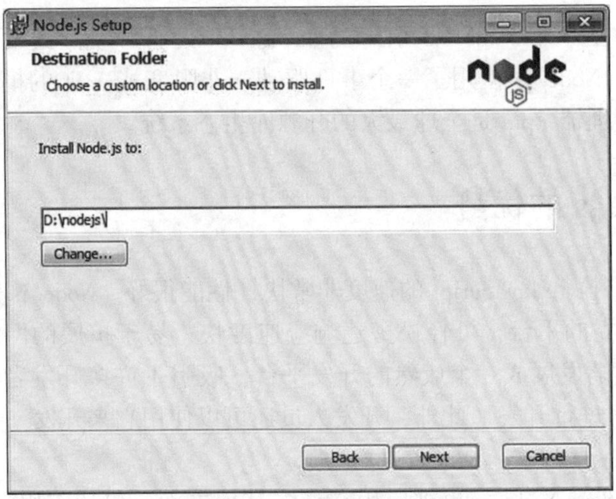

图 5-2　选择安装目录

图 5-3　命令行测试版本号

5.4　Node. js 举例

在 D 盘建立 Node. js 学习工作目录"D：\ NodeLearning"，在目录中建立第一个 JavaScript 文件 server. js，在里面写入如下代码：

```
//使用 require 指令来载入 http 模块,并将实例化的 HTTP 赋值给变量 http
const http = require('http');
const hostname = '127.0.0.1'; //定义服务器名
const port = 1680; //定义端口
const server = http.createServer((req, res) => { //创建服务器
  res.statusCode = 200; //状态码
  res.setHeader('Content-Type', 'text/html; charset=utf-8'); //定义编
码方式,注意中文乱码
  res.end('<h2>Hello World! </h2>\n<h3>第一个测试用例成功啦</h3>\n');
//输出内容
});
server.listen(port, hostname, () => { //服务监听
  console.log('Server running at http://${hostname}:${port}/'); //后
台日志输出内容
});
```

打开命令行，利用命令进入目录 D：\ NodeLearning，输入"node server. js"，如图 5-4 所示。

图 5-4　测试第一个 Node. js 服务

打开浏览器，输入网址 http：//127.0.0.1：1680/，在网页中会看到"Hello World！"字样，代表测试成功，如图 5-5 所示。

图 5-5　测试第一个 Node.js 服务

注意，当在命令行中执行了 node server.js 后，如果对 server.js 进行了修改，想重新运行，发现命令行中无法马上输入新的命令，这时需要用到一个小技巧：按住键盘的 Ctrl+C 键（没错，就是复制的快捷键），可以退出当前命令，之后就可以重新执行命令了。命令行中的^C 就是按住 Ctrl+C 键后的结果，之后就可以重新输入命令并执行了，如图 5-6 所示。

图 5-6　重新输入命令

5.5　网页浏览器选择

众所周知，Web 应用需要在浏览器上运行或者调试，大家熟知且常用的浏览器主要有 IE、Chrome、Firefox、360 等。从理论上来说，Web 的应用或者调试不应该限定某一款或者某几款浏览器，但对于 Web 应用程序开发的初学者，为了提高效率和避免一些新的技术导致浏览器的不兼容等问题，还是建议大家在了解技术背景的基础上来做取舍。例如，从 5.4 节可以得知，Node.js 是基于 Chrome 建立的平台，因此与 Chrome 浏览器的耦合程度应该最强，本书的轻量级 WebGIS 应用是基于 Node.js 技术的，因此在开发和调试时建议大家用 Chrome，以免在开发过程中碰到一些不可预见的麻烦。除此之外，Chrome 包含了较为强大的后台调试功能，使得 JavaScript 的开发像其他程序开发的编译器一样，能够进行代码调试，及时找出问题和错误所在。

打开 Chrome 浏览器后按 F12 键可以进入调试页面，如图 5-7 所示。

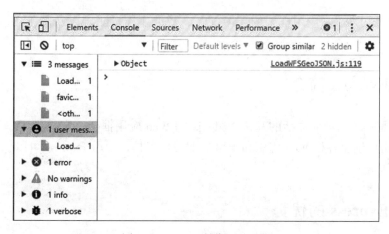

图 5-7　Chrome 浏览调试界面

当然，如果是习惯用 Firefox 的用户，也可以选择 Firefox 进行 Web 应用的开发、调试与运行测试，Firefox 同样具备强大的调试功能，同样也是按 F12 键进入，如图 5-8 所示。

图 5-8　Firefox 浏览 Web 开发者界面

因此，当大家在进行 Web 应用开发的时候，如果遇到问题，建议使用浏览器提供的调试功能逐步查找，这样可使开发效率大为提高。

5.6　本章小结

本章主要介绍了 Node.js 的安装与配置，下一章将会介绍一款基于 Node.js 的应用框架。

第6章　Express 环境配置

本章将介绍 Express 应用框架的环境配置、数据库连接测试以及基于 Supervisor 监听的代码调试。

6.1　Express 简介

Express 是一个简洁而灵活的基于 Node. js 的 Web 应用框架。它提供了一系列强大功能，能帮助用户创建各种 Web 应用和丰富的 HTTP 工具。使用 Express 可以快速搭建一个功能完整的网站。

6.2　Express 的优势

Express 的优势主要体现在以下三个方面：
(1)可以设置中间件来响应 HTTP 请求。
(2)定义了路由表用于执行不同的 HTTP 请求动作。
(3)可以通过向模板传递参数来动态渲染 HTML 页面。

6.3　Express 安装与配置

6.3.1　建立配置文件

Node. js 安装成功后，建立 Express 安装目录，此处以 D：\ workspace \ ExpressLogin 文件夹为例，以命令行的方式新建安装配置文件 package. json，打开命令行，输入"cmd"，如图 6-1 所示，确定后进入命令行。

进入命令行后，输入"D："，按回车键，输入命令"CD D：\ workspace \ ExpressLogin"到该目录，执行"npm init"，使用该命令为应用程序创建 package. json 文件，按回车键后会提示文件名，输入"package. json"，其余设置都默认，参数提示后会生成确认信息，如图 6-2 所示。

如果参数确认没问题，则按回车键，对应目录下会生成一个 package. json 文件，包含如图 6-3 所示的信息。

图 6-1　打开命令行

```
package name: (expresssession1ogin) package.json
version: (1.0.0)
description:
entry point: (index.js)
test command:
git repository:
keywords:
author:
license: (ISC)
About to write to D:\workspace\ExpressSessionLogin\package.json:

{
  "name": "package.json",
  "version": "1.0.0",
  "description": "",
  "main": "index.js",
  "scripts": {
    "test": "echo \"Error: no test specified\" && exit 1"
  },
  "author": "",
  "license": "ISC"
}


Is this ok? (yes)

D:\workspace\ExpressSessionLogin>
```

图 6-2　确认安装 package.json 文件的参数信息

```
package.json
 1  {
 2    "name": "package.json",
 3    "version": "1.0.0",
 4    "description": "",
 5    "main": "index.js",
 6    "scripts": {
 7      "test": "echo \"Error: no test specified\" && exit 1"
 8    },
 9    "author": "",
10    "license": "ISC"
11  }
12
```

图 6-3　生成的 package.json 默认信息

6.3.2　安装方法一——逐一安装

利用命令'npm install 第三方模块名 --save'安装 Express 及其依赖的所有中间件,待模块安装好后,配置文件中也会同步生成对应信息,详见表 6-1。

表 6-1 　　　　　　　　　　**Express 框架及其中间件一览表**

模块名称	模块说明	安装命令
body-parser	请求体解析中间件,使用这个模块可以解析 JSON、Raw、文本、URL-encoded 格式的请求体	npm installbody-parser --save
cookie-parser	会话管理,实现 cookie 的解析	npm installcookie-parser --save
cors	跨域	npm installcors --save
debug	调试	npm install debug --save
ejs	一个简单高效的模板语言,通过数据和模板,可以生成 HTML 标记文本	npm installejs --save
express	基于 Node. js 平台,快速、开放、极简的 web 开发框架	npm installexpress --save
express-session	一种标识对话的技术说法,通过 session,我们能快速识别用户的信息	npm installexpress-session --save
http-errors	一种响应错误。根据不同的错误,会提示相应的错误代码	npm installhttp-errors --save
jade	也是一种模板引擎	npm installjade --save
morgan	morgan 是 express 默认的日志中间件	npm installmorgan --save
pg	PostgreSQL 数据库的 Node. js 驱动	npm installpg --save
session-file-store	Session 文件存储	npm installsession-file-store --save

全部安装后,package. json 配置文件应该包含如图 6-4 所示的信息。

6.3.3　安装方法二——统一安装

Express 框架的安装还有另外一种方法,该方法是先通过修改 package. json 配置文件,在配置文件里写入要统一安装 Express 框架依赖的所有模块以及用于连接 PostgreSQL 数据库的驱动模块 pg,最后用"npm install"统一安装。具体过程如下:首先,打开 D:\workspace\ExpressLogin 目录下刚才新建的 package. json 文件,在基本信息后面加入"dependencies"信息,具体如图 6-4 所示。

其中,括号中的第一部分为这个配置文件的基础信息,包括名称、版本号、是否私有、脚本信息等;第二部分的"dependencies"括号中的内容就是依赖的模块以及版本,前面是模块名称,后面是版本号,比如,第 6 行的"express":"^4. 16. 0",代表 express 模块,

```
package.json
{
    "name": "expresslogin",
    "version": "0.0.0",
    "private": true,
    "scripts": {
      "start": "node ./bin/www"
    },
    "dependencies": {
      "body-parser": "^1.18.3",
      "cookie-parser": "~1.4.3",
      "cors": "^2.8.4",
      "debug": "~2.6.9",
      "ejs": "^2.6.1",
      "express": "~4.16.0",
      "express-session": "^1.15.6",
      "http-errors": "~1.6.2",
      "jade": "~1.11.0",
      "morgan": "~1.9.0",
      "pg": "^7.6.0",
      "session-file-store": "^1.2.0"
    }
}
```

图 6-4　安装完成之后的 package. json 配置文件信息

版本号为 4. 16. 0。需要说明的是，所有这些版本号都是笔者在撰写此稿时测试用的版本，各个模块的版本应该会持续更新。如果要加载最新的模块版本，可将版本号替换为 latest，例如想要安装 express-session 的最新版本，则将 express-session 的信息修改为：" express-session"："latest"。

需要强调的一点是，像 Java 的 JDBC 或者其他语言，与数据库连接一样，Node. js 连接 PostgreSQL 也需要有对应的接口依赖库，这个库叫做 pg，即配置文件中最后一个参数。

配置文件建立之后，利用命令行进行统一安装，具体操作为打开命令行，输入命令“CD D：\ workspace \ ExpressLogin”进入该目录，执行“npm install”，如图 6-5 所示，安装配置文件所有模块。

```
D:\workspace\ExpressSessionLogin>cd..

D:\workspace>cd ExpressLogin

D:\workspace\ExpressLogin>npm install
npm WARN             jade@1.11.0: Jade has been renamed to pug, please install the latest version
of pug instead of jade
npm WARN             constantinople@3.0.2: Please update to at least constantinople 3.1.1
npm WARN             transformers@2.1.0: Deprecated, use jstransformer
npm        created a lockfile as package-lock.json. You should commit this file.
added 129 packages in 15.431s

D:\workspace\ExpressLogin>
```

图 6-5　进入安装测试目录并执行安装

安装完成后会生成文件与目录，如图 6-6 所示。

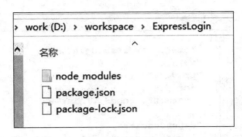

图 6-6　安装完成后文件夹内文件与目录

6.3.4　Express 运行测试

进入 D：\ workspace \ ExpressLogin 目录，创建一个名为 app. js 的文件，然后将下列代码复制进去：

```
var express = require('express');
var app = express();
app.get('/', function (req, res) {
  res.send('Hello World,Express is ok!');
});
var server = app.listen(3000, function () {
  var host = server.address().address;
  var port = server.address().port;
  console.log('Example app listening at http://%s:%s', host, port);
});
```

命令行进入 D：\ workspace \ ExpressLogin 目录，键入"node app. js"，然后在浏览器中打开网址 http：//localhost：3000/，查看输出结果，如图 6-7 所示。

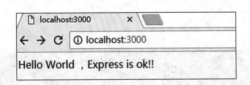

图 6-7　测试 Express 服务成功

6.4　Express 应用生成配置

6.4.1　应用安装

Express 安装成功后，通过应用生成器工具，Express 可以快速创建一个应用的骨架，继续从命令行进入对应目录中。在命令行中，连按两下 Ctrl+C 键即可退出服务状态，通过 npm install express-generator -g 命令安装，如图 6-8 所示。

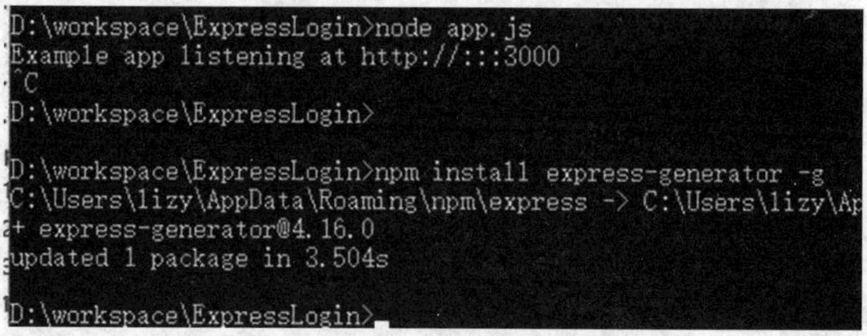

图 6-8 安装 Express 应用生成器

express -h 选项可以列出所有可用的命令行选项，如图 6-9 所示。

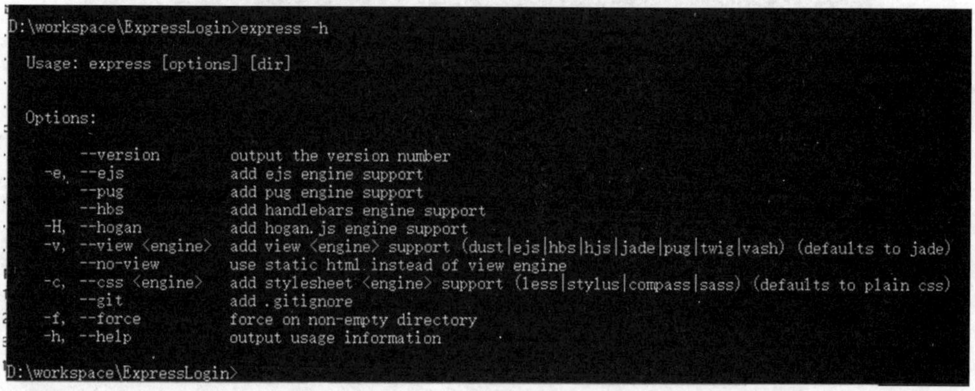

图 6-9 Express 命令一览

键入命令"CD.."退出到上一层目录 D：\ workspace，然后执行"express ExpressLogin"命令生成项目，命令行提示文件夹已存在并且不为空，是否继续，输入"Y"，继续，如图 6-10 所示。

生成后，"cd ExpressLogin"进入项目文件夹，D：\ workspace \ ExpressLogin 文件夹中结构如图 6-11 所示。

项目创建成功之后，生成 5 个文件夹，包括主文件 app. js 与配置信息文件 packetage. json，其中：

（1）bin 是项目的启动文件，配置以什么方式启动项目，默认为 npm start；

（2）public 是项目的静态文件，放置 js css img 等文件；

（3）routes 是项目的路由信息文件，控制地址路由；

（4）views 是视图文件，放置模板文件 ejs（相当于 html）或 jade 等。

（5）node_modules 是 node 包管理目录，用来存放 node 管理工具，即通过 npm 命令安

55

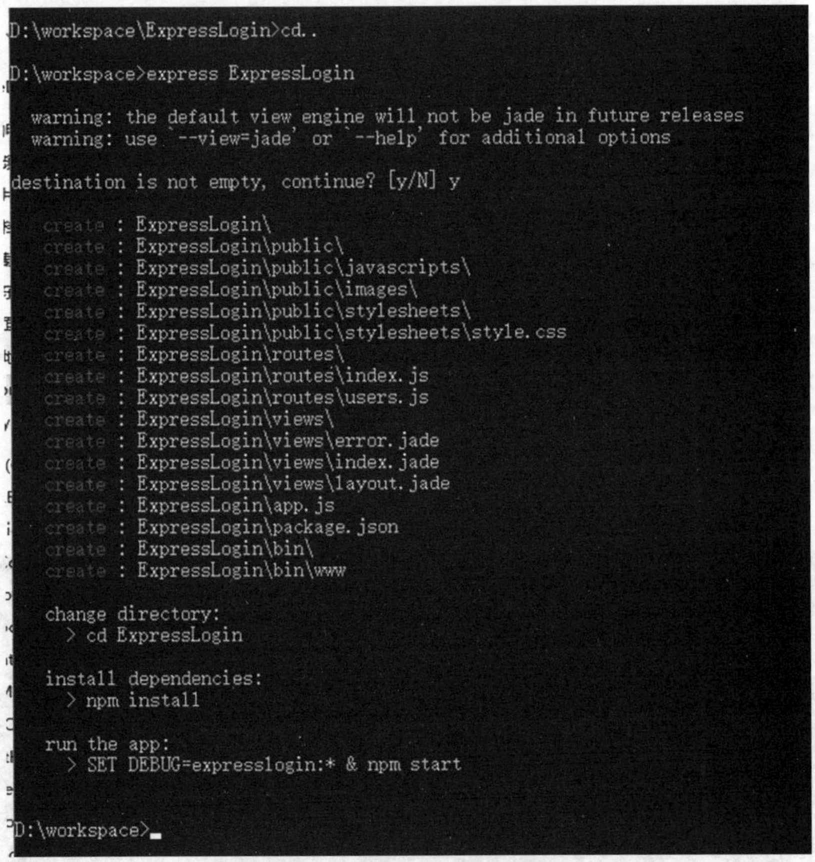

图 6-10　Express 命令生成项目 ExpressLogin

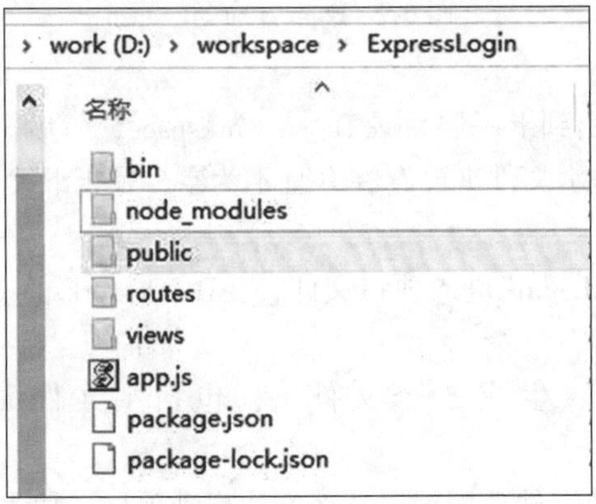

图 6-11　ExpressLogin 项目文件结构

装的工具包文件夹。例如 pg、cookie、ejs 这些工具。

6.4.2　应用测试

首先，利用命令行"CD ExpressLogin"进入目录 D：\ workspace \ ExpressLogin，启动这个应用，键入"npm start"，如图 6-12 所示。

图 6-12　启动应用

然后，在浏览器中打开 http：//localhost：3000/ 网址就可以看到这个应用了，显示 Express，如图 6-13 所示。

图 6-13　应用安装测试成功

也可以同时测试一下静态文件，此步骤是非必须操作，可后期再行测试。服务发布成功后，可以在浏览器中访问应用目录下的静态文件，拷贝一幅图片到应用目录的 \ public \ images 下，此处以一个 banner. png 为例，如图 6-14 所示。

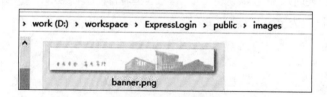

图 6-14　将测试图片拷贝到对应目录下

在浏览器中输入网址 http：//localhost：3000/images/banner. png，可以访问到图片，如图 6-15 所示。

图 6-15　在浏览器中访问指定图片文件

6.5　Express 连接数据库测试

在 D：\ workspace \ ExpressLogin \ node_modules 目录下新建 dao 文件夹，然后在 dao 目录中新建 pgHelper. js 文件，在 js 文件里测试连接数据库，代码如下：

```
//引用 pg 模块
var pg = require('pg');
//数据库连接串及其含义解释
//var conString = "数据库类型://用户名:密码@ 服务器名称:端口号/数据库名称";
//数据库类型一般为 postgres,用户名和密码就是在安装 PostgreSQL 时指定的用户名
和密码,服务器名称一般为 IP,如果是本机可写为 127.0.0.1,或者 localhost,
PostgreSQL 在安装时端口号默认为 5432,数据库名称为 PostgreSQL 数据库中指定的
数据库名称,本教程中为 postgres.
var  conString = " postgres://postgres: 123456 @ 127.0.0.1: 5432/
postgres";
//新建客户端对象
var client = new pg.Client(conString);
var PG = function(){
    console.log("准备向 * * * *数据库连接 ...");
};
//获得连接
PG.prototype.getConnection =function(){
```

```
client.connect(function (err) {
    if (err) {
        return console.error('could not connect to postgres', err);
    }
     client.query ('SELECT NOW ( ) AS " theTime "', function ( err,
result) {
        if (err) {
            return console.error('error running query', err);
        }
        console.log("postgres 数据库连接成功 ...");
    });
  });
};
// 调用连接函数
PG.prototype.getConnection();
// 模块输出
module.exports = newPG();
```

　　pgHelper. js 文件建立好后，确认 PostgreSQL 数据服务已经启动，在命令行中进入 D:
\ workspace \ ExpressLogin \ node_modules \ dao 目录，键入"node pgHelper. js"，若成功返
回字符串，则代表连接数据库成功，如图 6-16 所示。

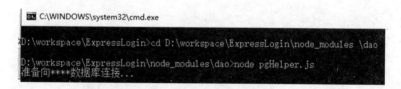

图 6-16　数据库连接测试成功

6.6　supervisor（监听）

　　由于在 Express 框架下调试 Node. js 代码时，每当代码修改后，都需要停止 Express 服
务并重启后才能生效，这就使得调试的效率较低。在 Express 框架中，有一个监听服务，
可以实时监听到代码修改而无须每改一次代码就重启一次服务，可以极大地提高调试效
率。这个监听器就是 supervisor，具体安装方法如下：打开命令行，进入代码工程的根目
录，本节以 ExpressLogin 为例，输入命令："npm install supervisor -g"，按回车键运行。安
装成功后，每次在命令行进入工程目录后，可以输入命令："supervisor bin/www"启动服
务，如图 6-17 所示。

　　这样，每次在修改代码后监听服务就会自动更新，而无须重新启动服务。

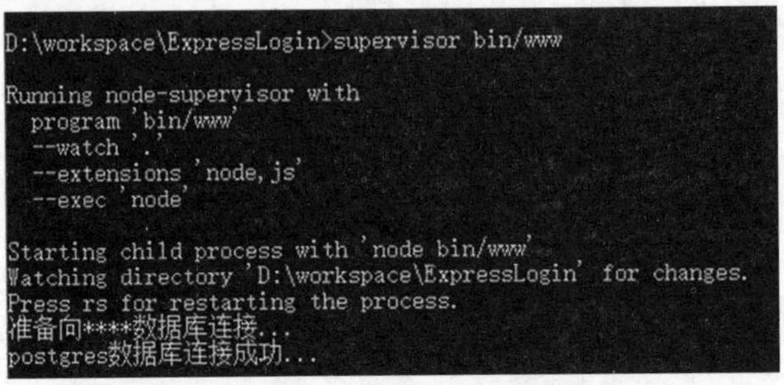

图 6-17　监听服务启动成功

6.7　本章小结

本章介绍了 Express 框架的安装与配置及其数据库连接与调试方法，实现了前端网页与后端数据库的连接。下一章将会基于 Express 框架介绍网页的登录注册实例，帮助读者进一步加深对 Express 框架的理解。

第7章　Express 登录注册实例

在对 Node.js 和 Express 有了一定的了解后，本章将重点介绍网页模板的建立、数据库连接函数的创建以及 Express 框架主文件和路由文件的配置方法。本章将通过一个注册登录实例来说明 Express 框架的用法以及对于网页前端和数据库的数据交互。

7.1　网页模板的建立

这里提到网页模板，事实上就是利用 html 文件修改而成的 ejs 文件，其本质还是 html，也就是说会编辑和建立 html 网页，就可以建立 ejs 文件，可以直接用 html 文件拷贝，将后缀名 .html 修改为 .ejs 即可。

在 D：\ workspace \ ExpressLogin 工程的 views 目录下新建 ejs 模板，主要包括 index.ejs，error.ejs，login.ejs，footer.ejs，header.ejs 和 reg.ejs，如图 7-1 中的文件列表。

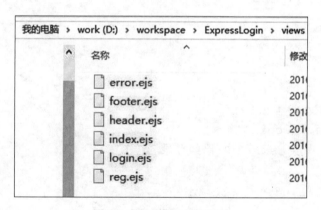

图 7-1　网页模板文件列表

由于网页的头部和底部都大致相同，为了代码重用，此处专门制作了 header.ejs，footer.ejs 两个文件，在其他网页模板中，可以直接引用 header.ejs 和 footer.ejs。

7.1.1　header.ejs

header.ejs 代码如下：

```
<! DOCTYPE html>
<html>
<head>
```

```
<meta charset="UTF-8"/>
<title>Test</title>
<link rel="stylesheet" href="/public/stylesheets/style.css">
</head>
<body>
<header>
<h1><%= title %></h1>
</header>
<nav>
<span><a title="主页" href="/">home</a></span>
<span><a title="登录" href="/login">login</a></span>
<span><a title="注册" href="/reg">register</a></span>
</nav>
<article>
```

7.1.2 footer.ejs

footer.ejs 代码如下：

```
</article>
</body>
</html>
```

7.1.3 index.ejs

index.ejs 代码如下：

```
<%- include header %>
    <% if(locals.islogin){%>
    用户:<h2><%= test %></h2>已经登录
<% }else{%>
<p><a href="/login">登录</a></p>
<% }%>
<%- include footer %>
```

7.1.4 login.ejs

login.ejs 代码如下：

```
<%- include header %>
<div class="container">
    <form class="col-sm-offset-4 col-sm-4 form-horizontal" role="
form" method="post">
        <fieldset>
```

```
        <% if(locals.islogin) { %>
用户:<h3> <% = test % ></h3>已经登录<br>
        <a class="btn" href="/logout">登出</a>
        <% } else{ %>
        <div class="form-group">
            <label class="col-sm-3 control-label" for="username">
用户名</label>
            <div class="col-sm-9">
                <input type="text" class="form-control" id=
"username" name="username" placeholder="用户名" required>
            </div>
        </div>
        <div class="form-group">
            <label class="col-sm-3 control-label" for=
"password">密码</label>
            <div class="col-sm-9">
                <input type="password" class="form-control" id=
"password" name="password" placeholder="密码" required>
            </div>
        </div>
        <div class="form-group">
            <div class="col-sm-offset-3 col-sm-9">
                <button type="submit" class="btn btn-primary">登
录</button>
            </div>
        </div>
        <% } %>
    </fieldset>
    </form>
</div>
<% -include footer % >
```

7.1.5　reg. ejs

reg. ejs 代码如下:

```
<% -include header % >
<div class="container">
    <form class=" col-sm-offset-4 col-sm-4 form-horizontal" role=
"form" method="post">
```

```
<fieldset>
    <div class = "form-group">
        <label class = "col-sm-3 control-label" for = "username">
用户名</label>
        <div class = "col-sm-9">
            <input type = "text" class = "form-control" id =
"username" name = "username" placeholder = "用户名" required>
        </div>
    </div>
    <div class = "form-group">
        <label class = "col-sm-3 control-label" for = "password2">
密码</label>
        <div class = "col-sm-9">
            <input type = "password" class = "form-control" id =
"password2" name = "password2" placeholder = "密码" required>
        </div>
    </div>
    <div class = "form-group">
        <div class = "col-sm-offset-3 col-sm-9">
            <button type = "submit" class = "btn btn-primary">注
册</button>
        </div>
    </div>
</fieldset>
    </form>
</div>
<% -include footer % >
```

7.1.6 error. ejs

error. ejs 代码如下：

```
<h1><% = message % ></h1>
<h2><% = error.status % ></h2>
<pre><% = error.stack % ></pre>
```

7.2 完善数据库连接函数

在之前的工程目录 .. \ ExpressLogin \ node_modules \ dao 中打开 pgHelper. js，修改完

善数据库操作函数，封装增加、删除、查询、修改等通用方法。此部分内容源于博客资料①，出处见参考文献，修改后的完整代码如下：

```
//引用 pg 模块
var pg = require('pg');
//数据库连接串及其含义解释
//var conString = "数据库类型://用户名:密码@ 服务器名称:端口号/数据库名称";
//数据库类型一般为 postgres,用户名和密码就是在安装 PostgreSQL 时指定的用户
名和密码,服务器名称一般为 IP,如果是本机可写为 127.0.0.1,或者 localhost,
PostgreSQL 在安装时端口号默认为 5432,数据库名称为 PostgreSQL 数据库中指定的
数据库名称,本教程中为 postgres.
var conString = " postgres://postgres: 123456 @ 127.0.0.1: 5432/
postgres";
var client = new pg.Client(conString);

var PG = function(){
    console.log("准备向 * * * *数据库连接 ...");
};


PG.prototype.getConnection = function(){
    client.connect(function (err) {
        if (err) {
            return console.error('could not connect to postgres', err);
        }
        client.query ('SELECT NOW ( ) AS "theTime"', function (err,
result) {
            if (err) {
                return console.error('error running query', err);
            }
            console.log("postgres 数据库连接成功 ...");
        });
    });
};


//查询函数
//@ param str 查询语句
//@ param value 相关值
```

①　CSDN 博客：Nodejs 对 postgresql 基本操作的封装［EB/OL］. ［2016-5-11］. https：//blog. csdn. net/cheneypao/article/details/51378053.

```
//@ param cb 回调函数
var clientHelper = function(str,value,cb){
    client.query(str,value,function(err,result){
        if(err){
            cb("err");
        }
        else{
            if(result.rows ! = undefined)
                cb(result.rows);
            else
                cb();
        }
    });
}
//增加
//@ param tablename 数据表名称
//@ param fields 更新的字段和值,json 格式
//@ param cb 回调函数
PG.prototype.save =function(tablename,fields,cb){
    if(! tablename) return;
    var str = "insert into "+tablename+"(";
    var field = [];
    var value = [];
    var num = [];
    var count = 0;
    for(var i in fields){
        count++;
        field.push(i);
        value.push(fields[i]);
        num.push(" $ "+count);
    }
    str += field.join(",") +") values("+num.join(",")+")";
    clientHelper(str,value,cb);
};

//删除
//@ param tablename 数据表名称
//@ param fields 条件字段和值,json 格式
//@ param cb 回调函数
```

```
PG.prototype.remove =function(tablename,fields,cb){
    if(! tablename) return;
    var str = "delete from "+tablename+" where ";
    var field = [];
    var value = [];
    var count = 0;
    for(var i in fields){
        count++;
        field.push(i+"= $ " +count);
        value.push(fields[i]);
    }
    str += field.join(" and ");
    clientHelper(str,value,cb);
}


//修改
//@ param tablename 数据表名称
//@ param fields 更新的字段和值,json 格式
//@ param mainfields 条件字段和值,json 格式
PG.prototype.update =function(tablename,mainfields,fields,cb){
    if(! tablename) return;
    var str = "update "+tablename+" set ";
    var field = [];
    var value = [];
    var count = 0;
    for(var i in fields){
        count++;
        field.push(i+"= $ "+count);
        value.push(fields[i]);
    }
    str += field.join(",") +" where ";
    field = [];
    for(var j in mainfields){
        count++;
        field.push(j+"= $ "+count);
        value.push(mainfields[j]);
    }
    str += field.join(" and ");
    clientHelper(str,value,cb);
```

```
}

//查询
//@ param tablename 数据表名称
//@ param fields 条件字段和值,json 格式
//@ param returnfields 返回字段
//@ param cb 回调函数
PG.prototype.select =function(tablename,fields,returnfields,cb){
    if(! tablename) return;
    var returnStr = "";
    if(returnfields.length == 0)
        returnStr = '*';
    else
        returnStr= returnfields.join(",");
    var str = "select "+returnStr+ " from "+tablename+" where ";
    var field = [];
    var value = [];
    var count = 0;
    for(var i in fields){
        count++;
        field.push(i+"= $ "+count);
        value.push(fields[i]);
    }
    str += field.join(" and ");
    clientHelper(str,value,cb);
};
module.exports = newPG();
```

7.3　主文件 app. js 的配置

　　app. js 是整个 Experss 框架的核心，相当于 Experss 框架的大脑中枢，负责所有文件访问及数据通信的指挥与调度，具体配置信息如下：

```
var express = require('express');
var path = require('path');
var logger = require('morgan');
var cookieParser = require('cookie-parser');
var bodyParser = require('body-parser');
var routes = require('./routes/index');
```

```
var users = require('./routes/users');
//需要添加的
var session = require('express-session');
var app = express();
//view engine setup
app.set('views', path.join(__dirname, 'views'));
app.set('view engine', 'ejs');

app.use(logger('dev'));
app.use(bodyParser.json());
app.use(bodyParser.urlencoded({ extended: false }));


//需要修改的
app.use(cookieParser("An"));
//需要添加的
app.use(session({
    secret:'an',
    resave:false,
    saveUninitialized:true
}));
app.use(express.static(path.join(__dirname, 'public')));
app.use('/', routes);
app.use('/users', users);
//catch 404 and forward to error handler
app.use(function(req, res, next) {
    var err = new Error('Not Found');
    err.status = 404;
    next(err);
});
//error handlers
//development error handler
//will print stacktrace
if (app.get('env') === 'development') {
    app.use(function(err, req, res, next) {
        res.status(err.status || 500);
        res.render('error', {
            message: err.message,
            error: err
```

```
        });
    });
}
//production error handler
//no stacktraces leaked to user
app.use(function(err, req, res, next) {
    res.status(err.status ||500);
    res.render('error', {
        message: err.message,
        error: {}
    });
});


module.exports = app;
```

7.4 路由信息文件配置

最后，修改 routes 目录下的 index.js 文件，index.js 修改后代码为：

```
var express = require('express');
var router = express.Router();
var pgclient =require('dao/pgHelper');
pgclient.getConnection();


/* GET home page. */
router.get('/', function(req, res) {
    if(req.cookies.islogin){
        req.session.islogin=req.cookies.islogin;
    }
if(req.session.islogin){
    res.locals.islogin=req.session.islogin;
}
  res.render('index', { title: 'HOME',test:res.locals.islogin});
});


router.route('/login')
    .get(function(req, res) {
        if(req.session.islogin){
            res.locals.islogin=req.session.islogin;
```

```
        }

        if(req.cookies.islogin){
            req.session.islogin=req.cookies.islogin;
        }
        res.render ('login', { title：'用户登录', test：res.locals.
islogin});
    })
    .post(function(req, res) {
        result=null;
        //pg.selectFun(client,req.body.username, function (result) {
        pgclient.select('userinfo',{'username': req.body.username},",
function (result) {
            if(result[0]= = =undefined){
                res.send('没有该用户');
            }else{
                if(result[0].password= = =req.body.password){
                    req.session.islogin=req.body.username;
                    res.locals.islogin=req.session.islogin;
                    res.cookie('islogin',res.locals.islogin,{maxAge：
60000});
                    res.redirect('/index');
                }else
                {
                    res.redirect('/login');
                }
            }
        });
    });
router.get('/logout', function(req, res) {
    res.clearCookie('islogin');
    req.session.destroy();
    res.redirect('/');
});
router.route('/reg')
    .get(function(req,res){
        res.render('reg',{title:'注册'});
    })
```

```
.post(function(req,res) {
    pgclient.save ('userinfo', {'username': req.body.username,'
password': req.body.password2}, function (err) {
    pgclient.select ('userinfo',{'username': req.body.username} ,",
function (result) {
        if(result[0] = = =undefined){
            res.send('注册没有成功,请重新注册');
        }else{
            res.redirect('/login');
        }
    });
    });
});
module.exports = router;
```

7.5 登录注册功能测试

首先,命令"CD ExpressLogin"进入 D:\ workspace \ ExpressLogin,启动这个应用,输入"npm start",显示如图 7-2 所示。

图 7-2 启动应用

然后,在浏览器中打开 http://localhost:3000/ 网址就可以看到如图 7-3 所示的页面。

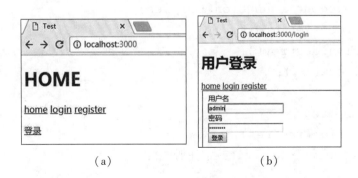

(a)   (b)

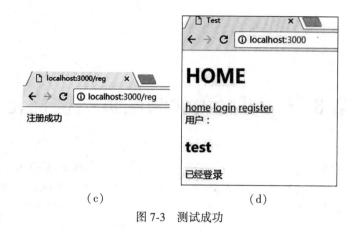

（c）　　　　　　　　　　　（d）

图 7-3　测试成功

7.6　本章小结

　　本章介绍了网页模板的建立，并通过一个登录注册的案例详细讲解了 Express 框架中各类文件的配置方法，借此来帮助大家加深对于 Express 框架的理解。

第8章　页面美化与网页结构优化

为了让网页更加美观，本章引用了一个较为广泛应用的网页前端样式框架 Bootstrap，介绍 Bootstrap 框架的环境配置及相关用法，并以第 7 章实例中的网页为例，对网页的样式优化给出了具体的方法。

8.1　Bootstrap 简介及环境配置

Bootstrap 来自 Twitter，是一款目前被网页编程爱好者广泛使用的前端开发框架。Bootstrap 简洁灵活，很好地融合了 HTML、CSS 和 JavaScript，使得 Web 前端样式的构建和开发更加简单快捷，使用更加方便。

Bootstrap 的官方下载地址：https：//v3. bootcss. com/getting-started/#download。下载完并解压后可在 CSS 和 JS 目录上找到相关引用的文件，也可以在 fonts 文件夹中找到对应的图标引用文件。这里需要注意的是，目前 Bootstrap 最新的版本已经到了 4. 1. 3，在 4. 1. 3 版本中没有 fonts 文件夹，只有在 Bootstrap 3. X 版本中才包含该文件夹。

这里引入 Bootstrap 框架只有一个目的，就是使网页的设计更美观，它至少可以让之前的注册和登录界面变成如图 8-1 所示。

图 8-1　引入 Bootstrap 修改后的注册页面预览

当然也可以设计得更漂亮，此处不一一举例，详细内容和方法可以到其中文官方网站 http：//www. bootcss. com/或菜鸟教程网站 http：//www. runoob. com/Bootstrap/bootstrap-tutorial. html 学习。

将 Bootstrap 引用样式 CSS 文件拷贝到目录 D：\ workspace \ ExpressLogin \ public \

stylesheets，如图 8-2 所示。

图 8-2　拷入 Bootstrap 引用样式 CSS 文件

　　将 Bootstrap 附带的 js 文件拷贝到样式目录 D：\ workspace \ ExpressLogin \ public \ javascripts，如图 8-3 所示。

图 8-3　拷入 Bootstrap 引用样式 js 文件

　　将 Bootstrap 引用样式的 fonts 文件拷贝到样式目录 D：\ workspace \ ExpressLogin \ public \ fonts，如图 8-4 所示。

图 8-4　拷入 Bootstrap 引用样式 fonts 文件

　　当然，还可以通过在线引用的方式来引用 Bootstrap 相关插件库，这样就可以避免下载到本地的麻烦，具体引用方法可以参考官方网站 https：//v3. bootcss. com/getting-started/的例子，如图 8-5 所示。

基本模板

使用以下给出的这份超级简单的 HTML 模版，或者修改这些实例。我们强烈建议你对这些实例按照自己的需求进行修改，而不要简单的复制、粘贴。

拷贝并粘贴下面给出的 HTML 代码，这就是一个最简单的 Bootstrap 页面了。

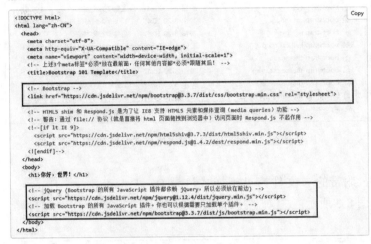

图 8-5　Bootstrap 在线引用举例

8.2　网页结构优化实例

一般情况下，一个完整的网页结构内部像一个人一样，也包括头<head></head>、身体<body></body>和脚<footer></footer>，外面再穿上一个印有 html 商标的衣服<html></html>，在 html 脚本语言的世界里，这些标识都被称为标签。通常情况下，只有一个网页包括了所有这些标签，才能将网页的效果完整地表达或者展现出来。但也有的时候，有些内容在每个网页中都会出现，而且会被多次用到，比如说一个网站中或者一个系统中的导航条，还有一些公用样式或者 js 依赖库的引用。因此，为了减少网页代码的冗余和重复，提高代码的重用性，网页还可以使用另外一种方式构成，就是通过<% include %>标签来引用众多网页构成一个新的完整网页。因此，网页的各个标签的内容就可以拆分开单独存放、管理和维护，比如<head></head>单独建立一个网页，用于公用样式或者 js 依赖库的引用管理，也可以单独建立一个导航条网页，主体部分<body></body>和页脚部分<footer></footer>也都可以分别建立独立的文件。文件建立后，就可以利用这些独立的部分像拼积木一样把想要的网页拼出来，这样可以不用在每一个网页里都添加一遍冗长而相同的代码，因此极大地提高了开发和维护效率。

8.2.1　精简 header. ejs

将原来的 header. ejs 精简，只保留 js 以及 css 样式代码引入部分，header. ejs 模板文件修改后代码如下：

```
<! DOCTYPE html>
<html>
<head>
    <meta charset = "utf-8">
    <meta http-equiv = "X-UA-Compatible" content = "IE=edge">
    <meta name = " viewport" content = "width = device-width, initial-
scale = 1">
      < link  rel  = " stylesheet"  href  = " ../ stylesheets/
bootstrap.min.css" />
    <! --jQuery (necessary for Bootstrap's JavaScript plugins) -->
     < script src = https:// unpkg.com/ popper.js @ 1.14.1/ dist /umd/
popper.min.js crossorigin = "anonymous"></script>
      < script src = " https:// code.jquery.com/jquery- 3.3.1.min.js"
integrity = "sha256-
FgpCb/ KJQlLNfOu91ta32o/ NMZxltwRo8QtmkMRdAu8 = " crossorigin = "
anonymous"></script>
      < script type = " text/ javascript" src = " ../ javascripts/
bootstrap.min.js" ></script>
    <title><% = title % ></title>
</head>
<body onload = "init()">
```

8.2.2　独立导航条 navbar. ejs

为了使网页的结构更加清晰和灵活，这里会把一个网页的结构拆分得更小、更细致。这里第一个拆分的就是将之前 header. ejs 中的导航条部分拆分出来单独建立 navbar. ejs 文件，并且将登录页面中的用户登录状态判断移植进来，代码如下：

```
<div class = "navbar-default " id = "navDIV" >
    <nav class = "navbar navbar-default" role = "navigation" >
    <div class = "container-fluid">
       <div class = "navbar-header" >
          <a class = "navbar-brand" >轻量级 WebGIS 入门教程</a>
       </div>
       <div>
       <! --向左对齐-->
       <ul class = "nav navbar-nav " id = "menuUL">
<li><a title = "主页" href = "/" ><span class = "glyphicon glyphicon-
home"></span>主页</a></li>
<li><a href = "https://leafletjs.com/" target = "_blank"><span class = "
```

```
glyphicon glyphicon-leaf"></span> LeafletAPI</a></li>
<li>< a href = "http://www.bootcss.com/" target = "_blank" >< span
class ="glyphicon glyphicon-bold"></span> Bootstrap官网</a></li>
< li > < a href = " https://www.runoob.com/bootstrap/bootstrap-
tutorial.html" target = "_blank" ><span class = "glyphicon glyphicon-
globe"></span>菜鸟教程</a></li>
</ul>
<! --向右对齐-->
<ul class ="nav navbar-nav navbar-right">
    <li><a href ="">< % if(locals.islogin){% >< span class =
"glyphicon glyphicon-user"> </span>欢迎: <% = test % ></
a></li>
    <li >< a class = "btn" href = "/logout" >< span class = "glyphicon
glyphicon-log-out"></span>退出</a></li>
    <% }else{% >
    <li><a href = "/reg"><span class = "glyphicon glyphicon-user"></
span>注册</a></li>
    <li><a href = "/login" >< span class = "glyphicon glyphicon-log-
in"></span>登录</a></li>
    <% }% >
    </ul>
    </div>
    </div>
  </nav>
</div>
```

上面代码中判断的含义为如果用户登录，则显示"欢迎××"，否则需要用户注册或者登录，只显示注册和登录按钮。

修改导航条的目的是为了让用户登录状态不显示在主页面中，只显示到导航条的右边即可，所有网页模板以及路由文件修改完毕后可以把登录状态调整到导航条，不占用过多的空间，这里先预览一下效果图，如图 8-6 所示。

图 8-6　新用户登录成功

8.2.3　修改主页 index. ejs

在 index. ejs 模板中加入导航条的引用<%- include navbar %>，再加入地图显示区域的

div，修改后代码如下：

```
<! —加入 html 头—>
<% -include header % >
<! —加入 html 导航条—>
<% -include navbar % >
<! —加入地图显示区域 DIV—>
<div id = "main">这是主页</div>
<! —加入 html 脚—>
<% -include footer % >
```

8.2.4　修改登录页面 login. ejs

修改 login. ejs 模板的代码，在<%- include header %>的下面加一行<%- include navbar %>，将原代码中的判断条件删除，因为已经移植到了导航条中，完整代码如下：

```
<% -include header % >
<% -include navbar % >
<div class = "container">
    <form class = "form-horizontal" role = "form" method = "post">
        <div class = "form-group">
          <div class = "input-group input-group-lg  col-xs- 4 col-xs-
offset- 4">
            <span class = "input-group-addon">用   户  
名</span>
            <input type = "text" class = "form- control" id = "username"
name = "username" placeholder = "请输入用户名" required>
        </div>
      </div>
        <div class = "form-group">
        <div class = "input-group input-group-lg  col-xs- 4 col-xs-
offset- 4">
          <span class = "input- group- addon" > 密   
   码  </span>
            <input type = "password" class = "form-control" id =
"password" name = "password" placeholder = "请输入密码" required>
        </div>
      </div>
        <div class = "form-group">
          <div class = "col-xs-offset-5">
            <button type = "submit" class = "btn btn-info  btn-lg">提交</
```

```
button>
            <button type = "reset" class = "btn btn-warning  btn-lg">重
置</button>
        </div>
      </div>
    </form>
</div>
<% -include footer % >
```

8.2.5　修改注册页面 reg. ejs

修改 reg. ejs 模板的代码，在<%- include header %>的下面加一行<%- include navbar %>，其余代码不变，完整代码如下：

```
<% -include header % >
<% -include navbar % >
<div class = "container">
    <form class = "form-horizontal" role = "form" method = "post">
        <div class = "form-group">
            <div class = "input-group input-group-lg  col-xs-4 col-xs-
offset-4">
                < span class = " input-group-addon" >用     户
 名</span>
                <input type = "text" class = "form-control" id =
"username" name = "username" placeholder = "请输入用户名" required>
            </div>
        </div>
<div class = "form-group">
        <div class = " input-group input-group-lg  col-xs-4 col-xs-
offset-4">
            < span class = " input-group- addon" > 密    
   码  </span>
            <input type = "password" class = "form-control" id =
"password" name = "password" placeholder = "请输入密码" required>
        </div>
</div>
<div class = "form-group">
    <div class = "input-group input-group-lg col-xs-4 col-xs-offset-4">
        <span class = "input-group-addon">确认密码</span>
        <input type = "password" class = "form-control" id = "password2"
```

```
name="password2" placeholder="请确认密码" required>
    </div>
</div>
<div class="form-group">
    <div class="input-group input-group-lg col-xs-4 col-xs-offset-
4">
        <span class="input-group-addon">   
Email  </span>
        <input type="email" class="form-control" id="Email"
placeholder="请输入 Email">
    </div>
</div>
<div class="form-group">
    <div class="col-xs-offset-5">
        <button type="submit" class="btn btn-info  btn-lg">提交</
button>
        <button type="reset" class="btn btn-warning  btn-lg">重置</
button>
    </div>
</div>
  </form>
</div>
<% -include footer %>
```

8.2.6　模态窗口举例

在网页菜单不同链接之间来回切换的时候有时也可以用模态窗口来改善用户的操作体验。所谓模态窗口就是在浏览其他网页的信息时不用跳转，仍能保留主页的状态，只是在主页上面遮上一层遮罩来显示信息，其样式来源于 Bootstrap 框架，效果如图 8-7 所示。

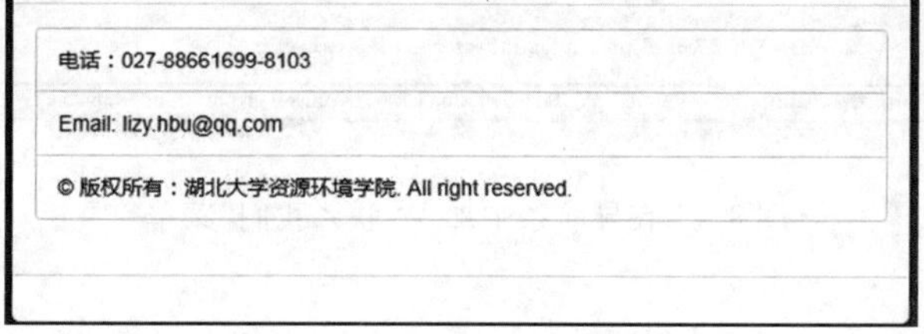

图 8-7　模态窗口效果预览

81

此处以联系方式为例，制作一个联系方式的网页模板文件，起名为 Modal_Contact. ejs，代码如下：

```
<div class = "modalfade bs-example-modal-lg" id = "Modal_Contact"
tabindex = "-1" role = "dialog" aria-labelledby = "Modal_ContactLabel"
aria-hidden = "true">
<div class = "modal-dialog">
<div class = "modal-content">
<div class = "modal-header">
<button type = "button" class = "close" data-dismiss = "modal" aria-
hidden = "true">&times;</button>
<h4 class = "modal-title" id = "Modal_ContactLabel" align = "center">联
系我们</h4>
</div><!--/.modal-header-->
<div class = "modal-body">
<ul class = "list-group">
<li class = "list-group-item">电话:027-8866xxxx-xxxx</li>
<li class = "list-group-item">Email: lizy.hbu@ qq.com</li>
<li class = "list-group-item">版权所有:湖北大学资源环境学院 . All right
reserved.</li>
</ul>
</div><!--/.modal-body-->
<div class = "modal-footer" align = "center">
</div><!--/.modal-footer-->
</div><!--/.modal-content -->
</div><!--/.modal-dialog-->
</div>
```

这里需要注意的是，如果使用模态窗口，前面的导航条 navbar. ejs 模板中需要加入"联系我们"导航菜单，加入的代码截图如图 8-8 所示。

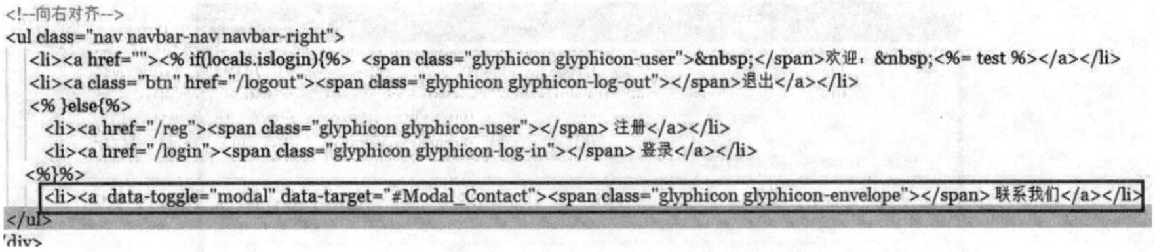

图 8-8 在导航条中加入"联系我们"菜单

同时，在 index. ejs、login. ejs 以及 reg. ejs 三个网页模板中引用<%- include footer %>时，须同步引用<%- include Modal_Contact %>，如图 8-9 所示。

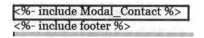

图 8-9　在 footer 前引入模态窗口

8.2.7　修改后测试效果

修改后测试效果如图 8-10、图 8-11、图 8-12、图 8-13、图 8-14 所示。

图 8-10　登录界面测试

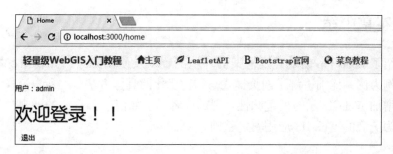

图 8-11　登录成功

图 8-12　注册

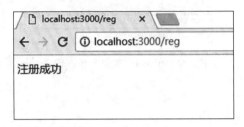

图 8-13　注册成功

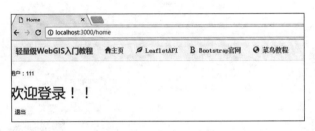

图 8-14　新用户登录成功

8.3　本章小结

本章介绍了 Bootstrap 前端开发框架的环境配置以及使用方法，并利用此框架继续以第 7 章的实例为例，详细讲解了网页样式与结构优化的具体方法。之所以这样安排，主要是希望能够增加 WebGIS 学习的趣味性，帮助读者学会如何改善系统的外观，为后面学习设计一个更为美观的 WebGIS 应用奠定基础。

第 9 章　Express 数据管理实例

在之前的学习中，相信大家对于如何利用 Express 框架搭建一个简单的 Web 应用有了一定的了解。本章将重点讲解 Express 框架中前端网页和后台数据通信原理以及通信机制，Bootstrap-Table 插件的使用，用户信息管理网页的建立以及如何利用 Web 应用来实现对数据库用户信息的增、删、查、改功能。

9.1　Express 数据交互响应机制

操做完前两章的实例，可能大家也感觉到只知其然而不知其所以然，或者还觉得有点莫名其妙。为了帮助大家更好地理解网页与数据库的通信，并结合一般系统的数据管理需求，此处以用户名为例给出了一个数据库表格的增、删、查、改实例，以供参考。

网页和数据库是两个独立的个体，但现在的需求是这二者能够进行数据交互，这就如同长江两岸的人们若想长期互通往来，就需要在长江上架一座桥。但问题是过往桥梁的有行人、汽车还有火车，如果没有统一的调度指挥，可能会造成交通混乱，因此就出现了公铁两用大桥这样的解决方案，例如武汉长江大桥，汽车和火车分开通过，行人和汽车各行其道，如图 9-1 所示。

图 9-1　公铁两用大桥——武汉长江大桥

在 Express 中，app. js 相当于指挥系统，来统一指挥调度交通，routes 中的路由文件相当于桥梁，工程目录的 routes 目录下包含了 index. js 和 users. js 两个文件，如图 9-2 所示。

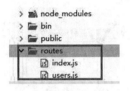

图 9-2　路由文件

其实路由文件不只有这两个，只不过这两个文件是当初搭建 Express 框架时自动生成的，可以理解为一座公铁两用大桥的公路桥与铁路桥，虽然分别行使不同的职责，但目的只有一个，就是让长江两岸的人们或者交通工具能够安全、有序地快速通过。一般情况下，建议一个路由文件负责一张数据库表格的增、删、查、改的管理，这样方便以后的维护与管理，就如同火车都从铁路桥通过，汽车都从公路桥通过一个道理。

说完桥梁的例子，回过头来再看基于 Express 的前后端通信的机制如图 9-3 所示。

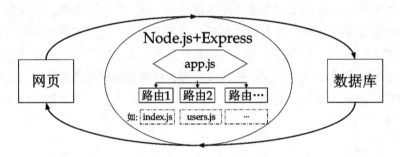

图 9-3　基于 Express 的前后端通信机制

从图 9-3 可以看出，Express 相当于前端网页和后端数据库要交互的指挥调度中心，Express 中的路由相当于二者的桥梁，当网页发出数据请求后，Express 首先为请求分配对应的路由，通过路由调用数据库的接口来访问数据库对应的表，请求被处理后，数据再由路由返回前端网页。

为了帮助理解，我们可以再回顾一下 app. js 的配置内容，包含了 index 和 users 两个路由文件的配置，如图 9-4 所示。

以注册为例，当路由收到前端网页注册信息提交的请求后，则用 post 方法将参数传递给数据库访问函数，前端的注册网页 reg. ejs 如图 9-5 所示。

再看 index. js 路由中的注册响应代码中，通过 req. body 接收的参数是网页中的用户名 req. body. username、密码 req. body. password2、电子邮件 req. body. email、电话号码 req. body. telephone，如图 9-6 所示。

```
app.js ✕
1  var express = require('express');
2  var path = require('path');
3  var logger = require('morgan');
4  var cookieParser = require('cookie-parser');
5  var bodyParser = require('body-parser');
6  var routes = require('./routes/index');
7  var users = require('./routes/users');
8  // 需要添加的
9  var session=require('express-session');
10 var app = express();
11 // view engine setup
12 app.set('views', path.join(__dirname, 'views'));
13 app.set('view engine', 'ejs');
14
15 app.use(logger('dev'));
16 app.use(bodyParser.json());
17 app.use(bodyParser.urlencoded({ extended: false }));
18
19 //需要修改的
20 app.use(cookieParser("An"));
21 //需要添加的
22 app.use(session({
23     secret:'an',
24     resave:false,
25     saveUninitialized:true
26 }));
27 app.use(express.static(path.join(__dirname, 'public')));
28 app.use('/', routes);
29 app.use('/users', users);
30 // catch 404 and forward to error handler
```

图 9-4　app.js 中的路由配置

```
index.js    reg.ejs ✕
1  <%- include header %>
2  <%- include navbar %>
3      <div class="container">
4          <form class="form-horizontal" role="form" method="post">
5          <div class="form-group">
6              <div class="input-group input-group-lg  col-xs-4 col-xs-offset-4">
7                  <span class="input-group-addon">用   户  名 </span>
8                  <input type="text" class="form-control" id="username" name="username" placeholder="请输入用户名" required>
9              </div>
10         </div>
11
12         <div class="form-group">
13             <div class="input-group input-group-lg  col-xs-4 col-xs-offset-4">
14                 <span class="input-group-addon">密      码  </span>
15                 <input type="password" class="form-control" id="password" name="password" placeholder="请输入密码" required>
16             </div>
17         </div>
18
19         <div class="form-group">
25
26         <div class="form-group">
27             <div class="input-group input-group-lg col-xs-4 col-xs-offset-4">
28                 <span class="input-group-addon">    Email   </span>
29                 <input type="email" class="form-control" id="email" name="email" placeholder="请输入Email">
30             </div>
31         </div>
32
33         <div class="form-group">
34             <div class="input-group input-group-lg col-xs-4 col-xs-offset-4">
35                 <span class="input-group-addon">Telephone</span>
36                 <input type="tel" class="form-control" id="telephone" name="telephone" placeholder="请输入电话">
37             </div>
38         </div>
39
40         <div class="form-group">
41             <div class="col-xs-offset-5">
42                 <button type="submit" class="btn btn-info  btn-lg">提交</button>
43                 <button type="reset" class="btn btn-warning  btn-lg">重置</button>
44             </div>
45         </div>
46         </form>
47     </div>
```

图 9-5　注册网页 form 表单中的 post 方法

```
router.route('/reg')
 .get(function(req,res){
    res.render('reg',{title:'注册'});
 })
 .post(function(req,res) {
    //调用数据库管理类中的写入语句，参数是表名userinfo、username、password、emal、telephone
    pgclient.save('userinfo',{'username': req.body.username,'password': req.body.password2,'email': req.body.email,'telephone': req.body.telephone}, function (err) {
       pgclient.select('userinfo',{'username': req.body.username},'', function (result) {
          if(result[0]===undefined){
             res.send('注册没有成功，请重新注册');
          }else{
//                res.send('注册成功！');
             res.redirect('/login');
          }
       });
    });
 });
```

图 9-6　路由文件 index. js 中对注册信息提交的响应代码

　　路由的作用就是接收这些参数，并把这些参数传递给数据库访问函数来进行数据库操作。这里大家不难发现，调用数据库写入函数 pgclient. save 时传递参数中的表名 userinfo，对应的字段名 username、password、email、telephone 和数据库是一一对应的，数据库中的用户表结构如图 9-7 所示。

图 9-7　数据库中用户表结构

　　到这里，大家可能对基于 Express 的网页与数据库的数据交互机制有了基本的认识，下面就构建用户表增、删、查、改的管理实例。等该实例构建完，大家可能会对数据交互机制有更深刻的认识。建立一个数据库管理网页系统，主要包括两个步骤，一个是信息查询、添加、更新页面的建立，另一个是这些页面与后台数据库进行通信路由的建立。

9.2　数据管理网页的建立

　　用户信息管理包括用户信息的增、删、查、改，其中用户详细信息的查询与显示是核心，围绕着用户信息页面进行其他几个功能的建立。本书此部分内容参考了博客资料①，参考链接见参考文献。

――――――――――――

① 　CSDN 博客 node. js+express+mysql+js 分页+bootstrap+文件上传+基本新闻管理模块：［EB/OL］.［2017-12-26］. https：//blog.csdn.net/qq_35733535/article/details/78904828.

9.2.1　Bootstrap 的 Table 相关插件的引用

为了让界面更为美观，这里仍然需要借助于 Bootstrap，因此在新建页面之前需要先添加几个 Bootstrap 的 Table 相关插件。打开 header. ejs，将之前 Bootstrap 的 css 和 js 文件的本地引用都改为在线引用，参考网站网址为 https：//v3. bootcss. com/getting-started/，并添加 bootstrap-table 的相关在线引用，参考网站网址为 http：//bootstrap-table. wenzhixin. net. cn/getting-started/，如图 9-8 所示。

图 9-8　Bootstrap 文件在线引用

还有一个 bootstrap-table-export. js 插件需要到网址 https：//github. com/wenzhixin/bootstrap-table 下载，下载后在 src/extensions/export 中查找，找到后拷贝到工程的 public 的 javascripts 文件夹中，添加后效果如图 9-9 所示。

图 9-9　bootstrap-table-export. js 本地引用

9.2.2　用户信息查询页面 users. ejs

在 veiws 文件夹中新建 users. ejs，并添加用户信息页面的代码如下：

```
<% -include header % >
<% -include navbar % >
<! --如果是登录状态,则进入信息查询页面 -->
<% if(locals.islogin){% >
<! --按条件查询-->
<div class = "container">
    <div>
        <form action = "/users/search" method = "post">
  姓名: < input type = "text" name = "s _username" id = "s _username"
value = "" class = "text">   
  电话: < input type = "text" name = "s_telephone" id = "s _telephone"
value = "" onkeyup = "this.value = this.value.replace(/[ ^\d]/g,")"
class = "text">   
   <button id = "queryinfo" type = "submit" class = "glyphicon glyphicon-
search" title = "查询"></button>
        </form>
    </div>
</div>


<! --用户信息显示的表单-->
<div class = "container">
<table id = "table"  data-toggle = "table" data-show-export = "false"
data-pagination = "true"
        data-click-to-select = "true"  data-toolbar = "#toolbar">
    <thead>
    <tr>
        <th data-field = "state" data-checkbox = "true"></th>
        <th>编号</th>
        <th>姓名</th>
        <th>邮箱</th>
        <th>电话</th>
        < th > 操 作              
   
                           
    
            < a href = "/users/add" class = "glyphicon glyphicon-plus"
title = "新增">新增</a>
        </th>
```

```
        </tr>
    </thead>
    <tbody  align="center">
        <% if (datas.length){ %>
            <% datas.forEach( function(user){ %>
            <tr >
                <td data-checkbox="false"></td>
                <td ><% = user.id %></td>
                <td ><% = user.username %></td>
                <td ><% = user.email %></td>
                <td ><% = user.telephone %></td>
                <td >
                    <div class="btn-group operation">
                        <a href="/users/toUpdate/<% = user.id %>"
title="修改">修改</a>
                        <span class="glyphicon glyphicon-pencil" aria-
hidden="true"></span>       
 
                        <a href="/users/del/<% = user.id %> ">删除</a>
                        <span class="glyphicon glyphicon-remove" aria-
hidden="true"></span>
                    </div>
                </td>
            </tr>
            <% }) %>
        <% } %>
    </tbody>
</table>
</div>


<% }else{% >
<! --否则,提示重新登录 -->
    <div id="myAlert" class="alert alert-warning">
        <a href="#" class="close" data-dismiss="alert">&times;</a>
            <strong>警告! </strong>登录已超时,请登录后访问。
    </div>


    <script>
```

```
$(function(){
    $(".close").click(function(){
        $("#myAlert").alert();
    });
});
});
</script>
<% }%>
<%-include footer %>
```

后文代码中的"操作"一栏，本例中采用了网页空格的方式居中，当然还有很多方法可以设置居中格式和样式，比如利用 Table 标签进行控制等，读者可以根据自己的情况和习惯灵活调整，代码片段视图如图 9-10、图 9-11、图 9-12 所示。

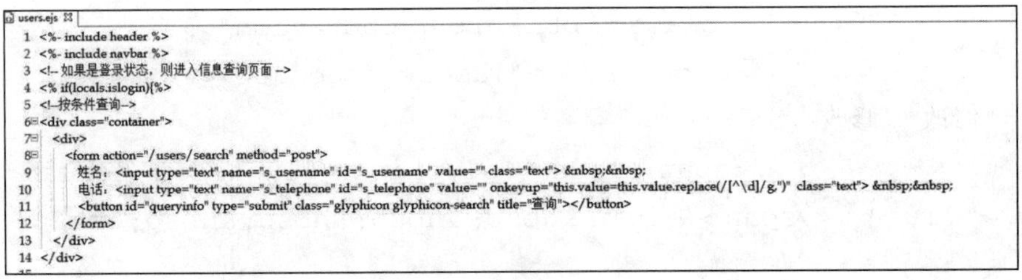

```
users.ejs
1 <%- include header %>
2 <%- include navbar %>
3 <!-- 如果是登录状态，则进入信息查询页面 -->
4 <% if(locals.islogin){%>
5 <!--按条件查询-->
6 <div class="container">
7   <div>
8     <form action="/users/search" method="post">  
9     姓名：<input type="text" name="s_username" id="s_username" value="" class="text">  
10    电话：<input type="text" name="s_telephone" id="s_telephone" value="" onkeyup="this.value=this.value.replace(/[^\d]/g,'')" class="text">  
11    <button id="queryinfo" type="submit" class="glyphicon glyphicon-search" title="查询">查询</button>
12    </form>
13  </div>
14 </div>
```

图 9-10　按条件查询部分

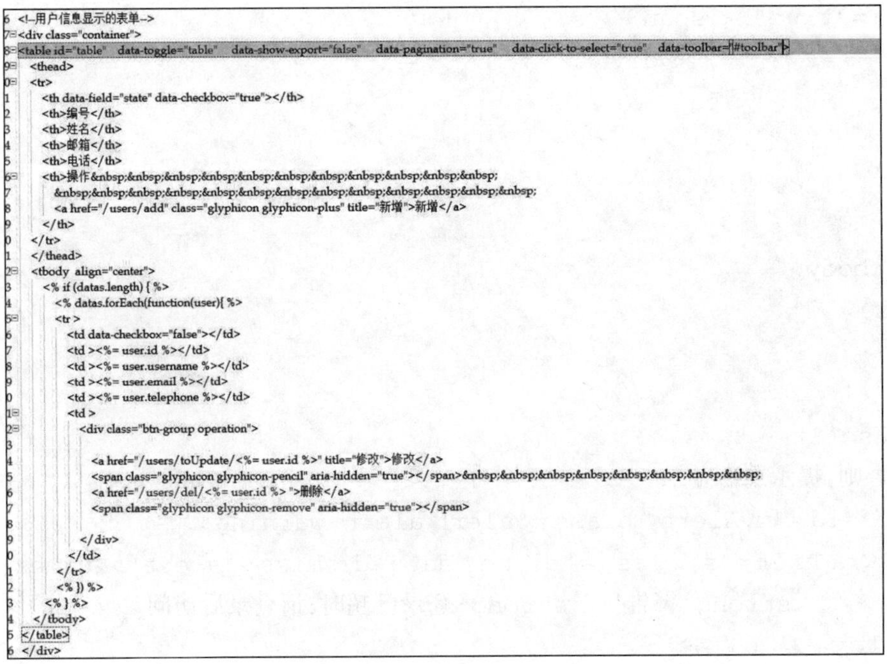

```
6 <!--用户信息显示的表单-->
7 <div class="container">
8 <table id="table" data-toggle="table" data-show-export="false" data-pagination="true" data-click-to-select="true" data-toolbar="#toolbar">
9   <thead>
0   <tr>
1     <th data-field="state" data-checkbox="true"></th>
2     <th>编号</th>
3     <th>姓名</th>
4     <th>邮箱</th>
5     <th>电话</th>
6     <th>操作           
7                   
8       <a href="/users/add" class="glyphicon glyphicon-plus" title="新增">新增</a>
9     </th>
0   </tr>
1   </thead>
2   <tbody align="center">
3     <% if (datas.length) { %>
4       <% datas.forEach(function(user){ %>
5       <tr>
6         <td data-checkbox="false"></td>
7         <td ><%= user.id %></td>
8         <td ><%= user.username %></td>
9         <td ><%= user.email %></td>
10        <td ><%= user.telephone %></td>
2         <td>
3           <div class="btn-group operation">
4
5           <a href="/users/toUpdate/<%= user.id %>" title="修改">修改</a>
6           <span class="glyphicon glyphicon-pencil" aria-hidden="true"></span>        
7           <a href="/users/del/<%= user.id %>">删除</a>
8           <span class="glyphicon glyphicon-remove" aria-hidden="true"></span>
9           </div>
0         </td>
1       </tr>
2       <% }) %>
3     <% } %>
4   </tbody>
5 </table>
6 </div>
```

图 9-11　用户详细信息显示表格

```
<% }else{%>
  <!-- 否则，提示重新登录 -->
  <div id="myAlert" class="alert alert-warning">
    <a href="#" class="close" data-dismiss="alert">&times;</a>
      <strong>警告！ </strong>登录已超时，请登录后访问。
  </div>

  <script>
  $(function(){
    $(".close").click(function(){
      $("#myAlert").alert();
    });
  });
  </script>
<% }%>

<%- include footer %>
```

图 9-12　用户登录状态提醒

9.2.3　用户添加页面 users_add. ejs

在 veiws 文件夹中新建 users_add. ejs，并添加用户信息页面的代码如下(与注册页面代码类似)：

```
<% - include header % >
<% - include navbar % >
<div class = "container">
      <form class = "form-horizontal" role = "form" method = "post">
        <div class = "form-group">
            <div class = "input-group input-group-lg col-xs-4 col-xs-
offset-4">
                <span class = "input-group-addon">用   户
 名</span>
                <input type = "text" class = "form-control" id =
"username" name = "username" placeholder = "请输入用户名" required>
            </div>
        </div>
        <div class = "form-group">
            <div class = "input-group input-group-lg  col-xs-4 col-
xs-offset-4">
    <span class = " input-group- addon " > 密      
  码  </span>
    <input type = "password" class = "form-control" id =
"password" name = "password" placeholder = "请输入密码" required>
```

```
                </div>
            </div>
            <div class="form-group">
                <div class="input-group input-group-lg  col-xs-4 col-
xs-offset-4">
                    <span class="input-group-addon">确认密码</span>
                    <input type="password" class="form-control" id=
"password2" name="password2" placeholder="请确认密码" required>
                </div>
            </div>
                <div class="form-group">
            <div class="input-group input-group-lg col-xs-4 col-xs-
offset-4">
    <span class="input-group-addon">   Email 
 </span>
    <input type="email" class="form-control" id="email" name=
"email" placeholder="请输入 Email">
            </div>
            </div>
            <div class="form-group">
                <div class="input-group input-group-lg col-xs-4 col-xs-
offset-4">
                    <span class="input-group-addon">Telephone</span>
<input type="tel" class="form-control" id=
"telephone" name="telephone" placeholder="请输入电话">
            </div>
            </div>
            <div class="form-group">
                <div class="col-xs-offset-5">
                 <button type="submit" class="btn btn-info  btn-lg">提
交</button>
                    <button type="reset" class="btn btn-warning  btn-lg">重
置</button>
                </div>
            </div>
        </form>
    </div>
<% -include footer %>
```

9.2.4　用户修改页面 users_update. ejs

在 veiws 文件夹中新建 users_update. ejs，并添加用户信息页面的代码如下：

```
<% -include header % >
<% -include navbar % >


<div class = "container">
    < form class = " form- horizontal" role = " form" method = " post "
action = "/users/update">
        <input type = "hidden" value = "<% =datas[0].id % >" name = "id">
        <div class = "form-group">
            <div class = "input-group input-group-lg  col-xs- 4 col-xs-
offset-4">
                < span class = "input-group- addon">用   户
 名</span>
                <input type = "text" class = "form-control" id=
"username" name = "username" placeholder = "请输入用户名" value = "<% =
datas[0].username % >">
            </div>
        </div>
        <div class = "form-group">
            <div class = " input- group input-group- lg col- xs- 4 col- xs-
offset-4">
                < span  class = " input- group- addon " >      
Email  </span>
                <input type = "email" class = "form-control" id = "email"
name = " email" placeholder = " 请 输 入 Email" value = " <% = datas [ 0 ]
.email% >">
            </div>
        </div>
        <div class = "form-group">
            < div class = " input- group input-group- lg col- xs- 4 col- xs-
offset-4">
                <span class = "input-group-addon">Telephone</span>
                <input type = "tel" class = "form-control" id=
"telephone" name = "telephone" placeholder = "请输入电话" value = "<% =
datas[0].telephone% >">
            </div>
        </div>
        <div class = "form-group">
```

```
        <div class="col-xs-offset-5">
          <button type="submit" class="btn btn-info   btn-lg">修改</button>
          <button type="reset" class="btn btn-warning   btn-lg">重置</button>
        </div>
      </div>
    </form>
  </div>
<% -include footer %>
```

9.3 数据管理通信路由文件 users.js 的构建

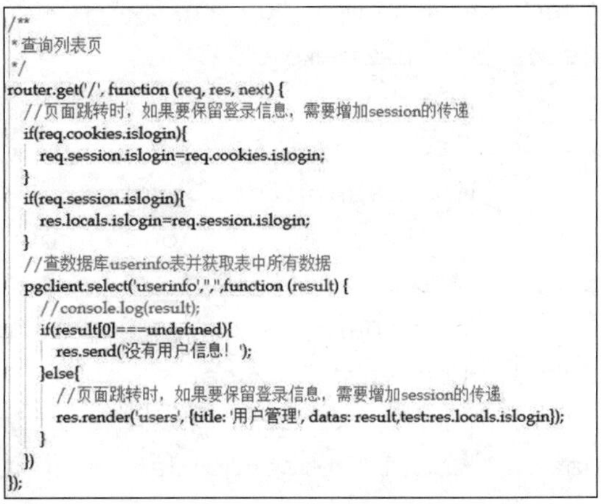

users.js 路由文件代码注释部分如图 9-13 所示，查询部分如图 9-14 所示，新增部分如图 9-15 所示，删除部分如图 9-16 所示，修改部分如图 9-17 所示。

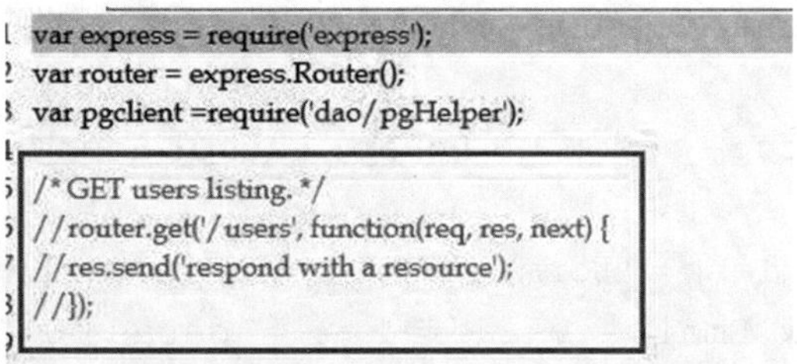

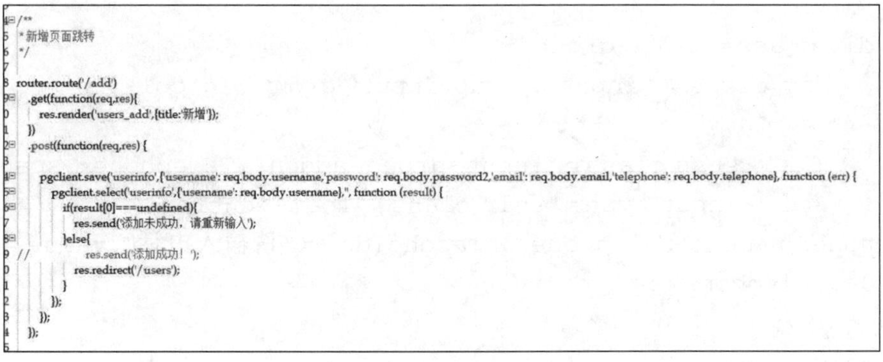

图 9-13 注释

图 9-14 查询

图 9-15 新增

```
6  /**
7   * 删
8   */
9  router.get('/del/:id', function (req, res) {
0    console.log('id:'+req.params.id);
1    pgclient.remove('userinfo',{'id': req.params.id},function(err){
2      if (err !='') {
3        res.send("删除失败："+err)
4      } else {
5        res.redirect('/users')
6      }
7    });
8  });
9
```

图 9-16　删除

```
71  /**
72   * 修改
73   */
74  router.get('/toUpdate/:id', function (req, res) {
75    //页面跳转时，如果要保留登录信息，需要增加session的传递
76    if(req.cookies.islogin){
77      req.session.islogin=req.cookies.islogin;
78    }
79    if(req.session.islogin){
80      res.locals.islogin=req.session.islogin;
81    }
82    var id = req.params.id;
83    console.log(id);
84    pgclient.select('userinfo',{'id':id},'',function (result) {
85      if(result[0]===undefined){
86        res.send('修改失败！');
87      }else{
88        res.render("users_update", {title: '用户信息更新', datas: result,test:res.locals.islogin});    //直接跳转
89      }
90    });
91  });
92
93  /**
94   * 修改
95   */
96  router.post('/update', function (req, res) {
97    var id = req.body.id;
98    //console.log('id===='+id);
99    var username = req.body.username;
100   var email = req.body.email;
101   var telephone = req.body.telephone;
102   var professional = req.body.professional;
103   pgclient.update('userinfo',{'id':id},{'username':username,'email':email,'telephone':telephone},function (err) {
104     if (err !='') {
105       res.send("修改失败："+err)
106     } else {
107       res.redirect('/users');
108     }
109   });
110 });
```

图 9-17　修改

搜索部分的代码如下：

```
//搜索
router.post('/search', function (req, res) {
```

```
//获取页面搜索框中的用户名参数
var username = req.body.s_username;
//获取页面搜索框中的电话号码参数
var telephone = req.body.s_telephone;
//页面跳转时,如果要保留登录信息,需要增加 session 的传递
if(req.cookies.islogin){
    req.session.islogin=req.cookies.islogin;
}
if(req.session.islogin){
    res.locals.islogin=req.session.islogin;
}
//如果姓名和电话都为空,则查询所有信息;
if(! username&&! telephone){
    //查数据库 userinfo 表并获取表中所有数据
    pgclient.select('userinfo',",",function (result) {
        //console.log(result);
        if(result[0]= = =undefined){
            res.send('没有用户信息!');
        }else{
            //页面跳转时,如果要保留登录信息,需要增加 session 的传递
            res.render('users', {title: '用户管理', datas: result,
test:res.locals.islogin});
        }
    })
}
    //如果用户名不为空,则以用户名为条件进行查询
    if(username){
        pgclient.select('userinfo',{'username':username},",function
(result) {
            if(result[0]= = =undefined){
                res.send('没有用户信息!');
            }else{
                res.render( "users", {title: '用户信息查询', datas:
result,test:res.locals.islogin}); //直接跳转
            }
        });
```

```
        }
    //如果电话号码不为空,则以电话号码为条件进行查询
    if(telephone){
        pgclient.select('userinfo',{'telephone':telephone},'',function
(result) {
            if(result[0]===undefined){
                res.send('没有用户信息!');
            }else{
    res.render("users",{title:'用户信息查询',datas:result,test:
res.locals.islogin}); //直接跳转
            }
        });
    }
    //如果姓名和电话号码都不为空,则同时以姓名和电话号码为条件进行查询
    if(username&&telephone){
        pgclient.select('userinfo',{'username':username,'telephone':
telephone},'',function (result) {
            if(result[0]===undefined){
                res.send('没有用户信息!');
            }else{
    res.render("users",{title:'用户信息查询',datas:result,test:
res.locals.islogin}); //直接跳转
            }
        });
    }
});
//结尾:
module.exports = router;
```

9.4　效果预览

由于用户信息页面用到了 bootstrap-table 插件, 因此, 如果信息超过 10 条, 则会自己生成翻页条, 并且可以选择显示 10 条或者更多条记录, 如图 9-18 所示。

按条件查询页面效果如图 9-19 所示。

修改页面效果如图 9-20 所示。

点击用户信息后面对应的删除按钮可删除当前行信息, 如图 9-21 所示。

图 9-18　用户信息页面

图 9-19　按条件查询页面

图 9-20　用户信息修改页面

图 9-21　删除用户信息

　　按条件查询数据库，可以用姓名或者电话来查询用户信息，例如输入电话号码，系统将会根据此电话号码，把所有相关信息查询并显示出来，如图 9-22 所示。

	编号	姓名	邮箱	电话	操作	✚新增	
	41	111	235676756718162@qq.com	12345678912		修改 ✏	删除 ✖
	42	222	12345678@qq.com	12345678912		修改 ✏	删除 ✖
	44	test1	12315456@qq.com	12345678912		修改 ✏	删除 ✖

姓名：[   ]　电话：[12345678912]　[🔍]

显示第 1 到第 3 条记录，总共 3 条记录

图 9-22　按条件查询

9.5　本章小结

　　本章介绍了 Express 框架中网页与数据库的通信机制与通信原理，并详细介绍了一个用户信息管理和维护的 Web 应用案例，包括增、删、查、改等功能的实现方法。后文将会引入地图及空间数据部分。

第 10 章　WebGIS 基本框架搭建

一个完整的 WebGIS 框架，不仅要包含前面的网页地图 API，还要能和后台的数据库进行数据交互。之前的章节中分别练习了第一个网页地图实例的制作以及基于 Node. js+Express+PostgreSQL 的登录注册案例。通过这两次练习，大家或多或少地对网页前端地图以及网页与后台数据库的交互有了大概的了解和认识。但是，这两个案例是独立运行的，并不是一个整体，一个是只有一张地图的网页，而另外一个仅是导航条加上简单的登录注册状态信息页面。因此，本章的学习目标就是要实现二者的"胜利会师"，将地图和之前的 Web 应用案例融合为一个整体，形成一个完成的 WebGIS 开发框架。简单来说，就是介绍如何将网页地图嵌入带有登录和注册功能的网页框架里面，效果预览如图 10-1 所示。

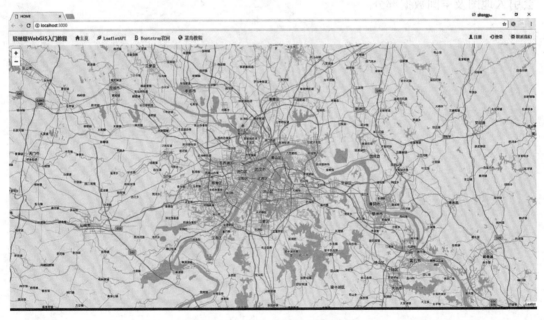

图 10-1　WebGIS 框架效果预览

10.1　HBuilder 导入 ExpressLogin 工程

为了方便编码，可将之前建立的 ExpressLogin 工程导入 HBuilder 中，用 HBuilder 进行编码和调试。首先打开 HBuilder，然后单击"文件"→"导入"，或者在左边的工程目录空白处单击右键，选择"导入"，再选择"现有的文件夹作为新项目"，如图 10-2 所示。

图 10-2　HBuilder 导入文件系统为新项目

下一步，选择 ExpressLogin 的文件夹路径，如图 10-3 所示。

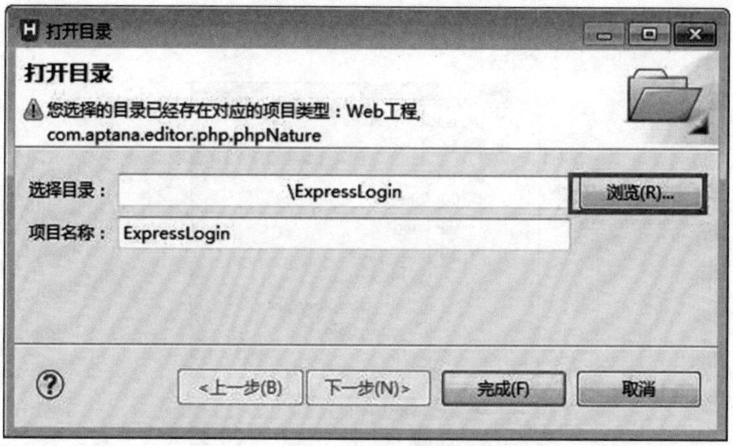

图 10-3　HBuilder 导入文件系统为新项目

点击"完成"，即可在 HBuilder 中看到该工程，此处为了和之前的单独注册登录示例区分，又考虑加入了 Leaflet 地图模块，因此将工程名称修改为"ExpressLeaflet"，如图10-4所示。

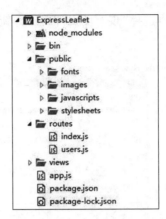

图 10-4　HBuilder 中 ExpressLeaflet 完整工程体系预览

10.2　添加 Leaflet 地图引用

10.2.1　Leaflet 类库引入

首先，将第 7 章中优化后地图示例项目 LeafletFirst 中的 js 文件 LeafletMap. js 拷贝到 ExpressLeaflet 项目下的 public \ javascripts 中，将 LeafletFirst 项目中的 css 样式库 leafletAPI. css 拷贝到 ExpressLeaflet 项目中的 public \ stylesheets 中，拷贝后，ExpressLeaflet 项目网页样式与 js 代码对应位置如图 10-5 所示。

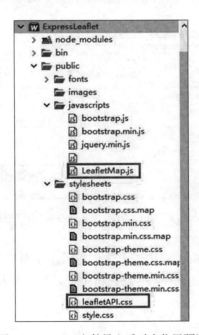

图 10-5　Leaflet 文件导入后对应位置预览

LeafletMap. js 的代码如下：

```
var map;
function init(){
        map = L.map("map").setView([30.56486,114.353622 ],10);
        //加载 openstreetmap 底图
        L.tileLayer('https://{s}.tile.openstreetmap.org/{z}/{x}/{y}
.png?{foo}',{
        attribution: 'Map data &copy; < a href = " https:// www.
openstreetmap.org/">OpenStreetMap</a> contributors, <a href =
"https:// creativecommons.org/licenses/by- sa/2.0/" >CC- BY- SA </a >,
Imagery <a href="https://www.mapbox.com/">Mapbox</a>',
        foo:'bar'}).addTo(map);
}
```

10.2.2　地图与导航条样式修改

由于要把地图融入带有导航条的登录注册工程中，需要调整主页地图与导航条的样式和布局，使之更为美观，因此需要修改 public \ stylesheets 中的 leafletAPI. css 样式文件，加入对导航条样式的控制代码，如图 10-6 所示。

图 10-6　修改 leafletAPI. css 样式的代码

10.2.3　修改 header. ejs

在 header. ejs 模板文件中将新导入的 Leaflet 相关文件引入网页头标签中，包括 public

\ javascripts 中的 LeafletMap. js，以及对 public \ stylesheets 中的 leafletAPI. css，header. ejs 模板文件进行修改，代码如下：

```
<! DOCTYPE html>
<html>
<head>
    <meta charset = "utf-8">
        <meta http-equiv = "X-UA-Compatible" content = "IE = edge">
        <meta name = "viewport" content = "width = device-width, initial-
scale = 1">
        <! --Load Leaflet from CDN -->
        <link rel = "stylesheet" href = "https://unpkg.com/leaflet @
1.3.4/dist/leaflet.css"
                integrity = " sha512- puBpdR0798OZvTTbP4A8Ix/1 +
A4dHDD0DGqYW6RQ+9jxkRFclaxxQb/SJAWZfWAkuyeQUytO7+7N4QKrDh+drA = = "
crossorigin = ""/>
            < script src = " https://unpkg.com/leaflet @ 1.3.4/dist/
leaflet.js"
            integrity = " sha512- nMMmRyTVoLYqjP9hrbed9S + FzjZHW5g
Y1TWCHA5ckwXZBadntCNs8kEqAWdrb9O7rxbCaA41KTIWjDXZxflOcA
= = " crossorigin = ""></script>

<link rel = "stylesheet" href = "../stylesheets/bootstrap.min.css" />
        <link rel = "stylesheet" href = "../stylesheets/leafletAPI.css"
/>
        <! --jQuery (necessary for Bootstrap's JavaScript plugins) -->
            <script src = "https://unpkg.com/popper.js @ 1.14.1/dist/
umd/popper.min.js" crossorigin = "anonymous"></script>
                < script  src  = " https://code.jquery.com/jquery-
3.3.1.min.js" integrity = "sha256-FgpCb/KJQlLNfOu91ta32o/NMZxltwRo8
QtmkMRdAu8 = " crossorigin = "anonymous"></script>
            < script type = " text/javascript" src = " ../javascripts/
bootstrap.min.js" ></script>
                < script type = " text/javascript" src = " ../javascripts/
LeafletMap.js" ></script>
    <title><% = title % ></title>
</head>
<body onload = "init()">
```

10.2.4　修改主页 index. ejs

在 index. ejs 模板中加入导航条的引用<%- include navbar %>，再加入地图显示区域的 div，将 id="main"修改为 id="map"，代码如下：

```
<! —加入 html 头-->
<% -include header % >
<! —加入 html 导航条-->
<% -include navbar % >
<! —加入地图显示区域 DIV-->
<div id="map"></div>
<! —加入 html 脚-->
<% -include footer % >
```

10.2.5　结果预览

所有文件修改完毕后，应该就会看到本章一开始的预览效果图 10-1。

10.3　本章小结

本章介绍了将 Leaflet 地图与之前的 Express 注册登录实例融合的实现方法。本章内容学习完后，就基本实现了一个有导航菜单加地图的简单主页，而且附加了系统的注册登录功能。至此系统的框架已经基本成型，后续章节将会介绍如何加入自定义的空间数据和地图服务功能。

第 11 章　QGIS 环境配置

本章将为大家介绍一款开源的桌面端 GIS 软件——QGIS 的下载与安装,并在此基础上介绍 QGIS 连接 PostGIS 进行空间数据的管理与制图操作。

11.1　QGIS 简介

QGIS(原称 Quantum GIS)是一个自由开源的地理信息系统桌面 GIS 软件,如图 11-1 所示。它可提供数据的显示、编辑和分析功能。QGIS 是一个用户界面友好的桌面地理信息系统,可运行在 Linux、Unix、Mac OSX 和 Windows 等平台之上。QGIS 是基于 Qt,使用 C++开发的一个用户界面友好、跨平台的开源版桌面地理信息系统。QGIS 项目开始于 2002 年 5 月,是基于跨平台的图形工具 Qt 软件包,一个采用 C++ 语言开发的 GIS 软件。目前对于 QGIS 的开发非常活跃。QGIS 源码采用 GNU General Public License 协议对外发布。

图 11-1　QGIS

11.2　QGIS 的优势

QGIS 具备了 GIS 软件的常用功能,如 GIS 数据的基本操作、属性的编辑修改、制图等功能,并且可以通过插件的形式支持功能扩展。QGIS 支持 PostGIS 数据库,同时也支持从 WMS、WFS 服务器中获取数据。QGIS 最大的优势就是免费、开源而且可扩展,伴随着近几年的快速发展,QGIS 越来越受到广大用户的喜爱。

11.3　QGIS 下载与安装

QGIS 的官方网站下载地址为 https：//www. qgis. org/zh-Hans/site/forusers/download. html，目前最新版本为 3.0.3，在主页点击可立即下载并获取安装包，如图 11-2 所示。

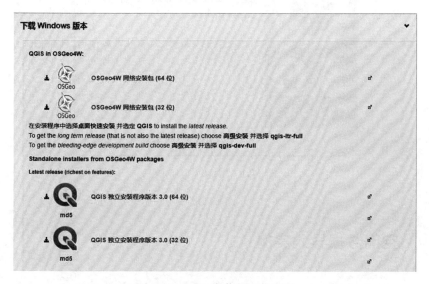

图 11-2　QGIS 安装包下载页面

这里选择下载 QGIS 独立安装程序版本 3.0(64 位)，下载后，点击安装，就可以看到欢迎安装界面，如图 11-3 所示。

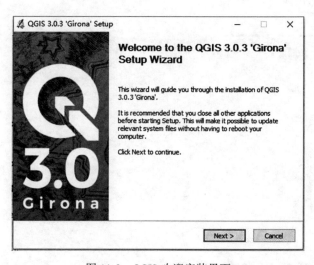

图 11-3　QGIS 欢迎安装界面

一直选择"Next"，选择安装目录，直到安装成功，如图 11-4 所示。

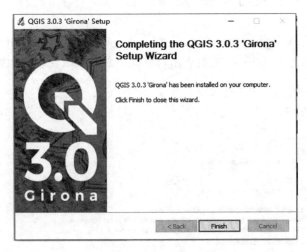

图 11-4　QGIS 安装成功

11.4　空间数据导入实例

11.4.1　建立空间数据库连接

QGIS 的详细操作可参考其官方网站的文档，本章只说明如何用 QGIS 把空间数据导入到之前建立的空间数据库中，为后续地图服务的发布做好准备。打开 QGIS 软件，会看到主界面如图 11-5 所示。

图 11-5　QGIS 软件主界面

在导入数据之前，前行需要与之前创建好的空间数据库建立连接，在左边的导航条里找到 PostGIS 选项，右键弹出"New Connection…"，如图 11-6 所示。

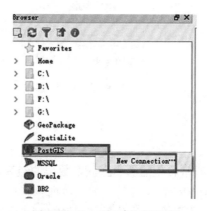

图 11-6　PostGIS 建立新连接

点击后，弹出连接参数配置对话框，依次输入名称、服务名、主机、端口、数据库名称，选择 SSL 模式，并输入用户名和密码，如图 11-7 所示。

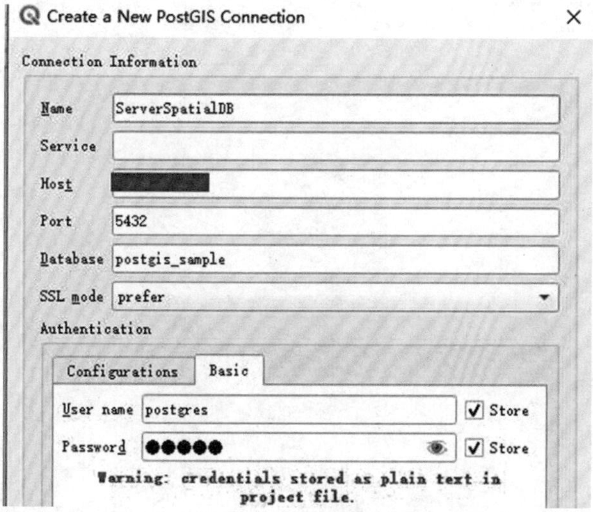

图 11-7　QGIS 连接 PostGIS 参数设置

这里简单介绍一下每个参数。Name 是连接名称，可以自定义，服务名为空；Host 为主机名称或者 IP 地址，如果是本机，则输入 127.0.0.1；Port 端口号默认为 5432；Database 填写数据库名称，该名称为安装 PostGIS 时创建的空间数据库名称，本书中为 lightwebgis；SSL mode 选择优先 prefer；用户认证 Authentication 的 Basic 选项中输入 PostgreSQL 数据库的用户名和密码。连接成功后，菜单栏的左边 PostGIS 选项下面会生成新的连接名称 PostGIStest，并且生成几个子菜单，如图 11-8 所示。

图 11-8　QGIS 连接 PostGIS 成功

11.4.2　数据坐标系转换

在发布自己的数据时，通常希望能够直接获取数据的经纬度，因此一般可将数据设置为默认的地理坐标系 WGS84【EPSG：4326】。如果数据含有投影坐标系，为保证与开源地图以及 ESRI 的底图能很好地重合，建议将数据的坐标系也转为地理坐标系 WGS84【EPSG：4326】。

具体方法如下：打开 QGIS，在左边的菜单栏中找到"XYZ Tiles"，点击后打开在线的 openstreetmap 底图，如图 11-9 所示。

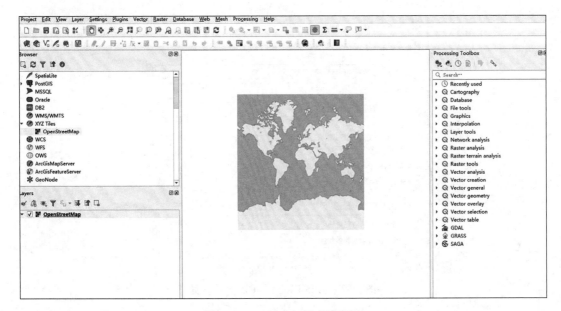

图 11-9　QGIS 中打开在线底图

单击右键地图属性中的信息可以查看该地图的投影信息，如图 11-10 所示。

打开要编辑或者要发布服务的矢量数据，这里以随机绘制的 Search_Polygon 多边形为例，打开后查看属性，该数据的坐标系并不是默认的地理坐标系 WGS84【EPSG：4326】，如图 11-11 所示。

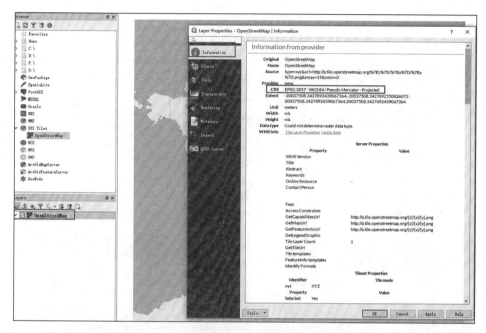

图 11-10   查看在线地图属性

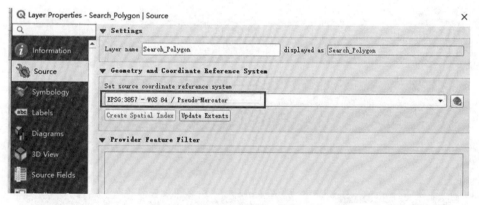

图 11-11   查看测试数据属性

将数据的坐标系转换成标准的地理坐标系 WGS84【EPSG：4326】。首先点击"Processing"→"Toolbox"，打开工具箱，搜索 reproject，使用 Reproject Layer 功能转换，然后选择目标坐标系 EPSG：4326，再选择输出路径，填写文件名，操作界面如图 11-12 所示。

提示成功后，数据默认被加载到 QGIS 中，坐标转换后效果如图 11-13 所示。

到这里，坐标系转换就完成了。需要说明的是，这仅适用于需要调用在线底图的情况。如果所有的数据都是自己的数据，则按照具体需要和当地的数据规范进行配置即可，但一定要保证所有数据的坐标系统一。

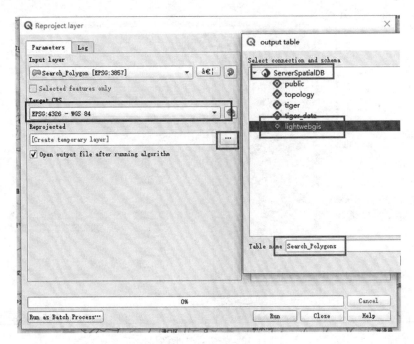

图 11-12　坐标转换

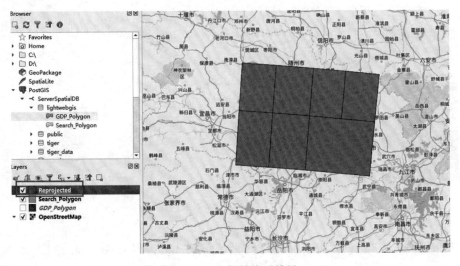

图 11-13　坐标转换后效果

11.4.3　导入空间数据

为了更方便地管理矢量数据，可将数据导入数据库中进行管理。可以直接用上一节坐标转换后的数据进行操作，从对应的目录中找到上一节坐标系转换好的矢量数据，打开并显示在窗体中。此处以刚才完成投影转换的多边形为例，如图 11-14 所示。

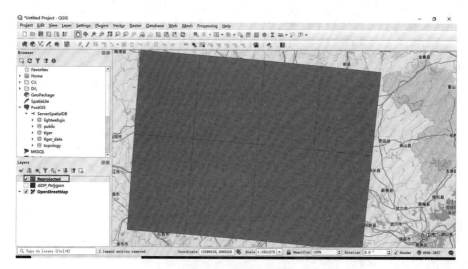

图 11-14　打开数据

在菜单栏中点击"Database"→"DB Manager"，弹出数据库管理对话框，如图 11-15 所示。

图 11-15　数据库管理对话框

选中 ServerSpatialDB 数据库的 lightwebgis 选项，点击导入并设定 Table 文件名，如图 11-16 所示。

其中，导入数据为 Reprojected，输出表格 Schema 选择 lightwebgis，Table 输入自定义名称，此处输入 Search_Polygons，点击"OK"，导入成功，打开数据库，就可以看到导入的数据，如图 11-17 所示。

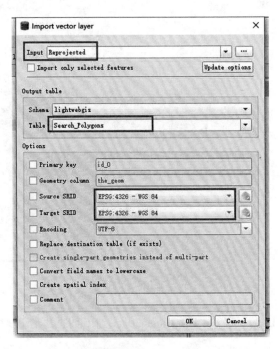

图 11-16　数据库管理对话框导入按钮

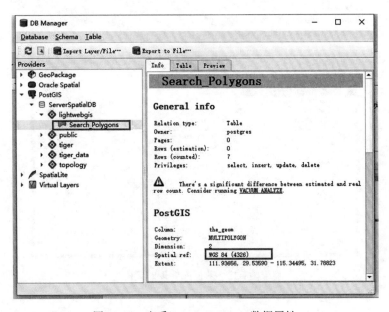

图 11-17　查看 Search_Polygons 数据属性

　　同理，可以将需要用到的矢量数据采用同样的操作转换坐标系后导入数据库中备用。此例中，还有另一个测试用的矢量多边形数据，在此也一并导入其中，如图 11-18 所示。

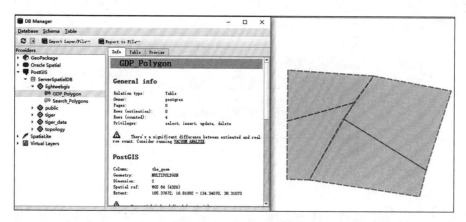

图 11-18　查看 GDP_Polygon 数据属性

11.4.4　地图制作

为了使地图更加规范、美观，在地图服务发布之前，需要对地图进行整饰，也就是常说的制图。如果仅把原始数据直接发布，地图不仅不美观，而且用户看起来也不方便。因此，这里简单介绍一下如何利用 QGIS 制作地图服务发布时需要的样式（styles）文件，为下一章地图发布中调整样式做一个铺垫。

首先，在软件的右边框中选中 Symbology 选项，在此选项中可以切换地图的样式，包括边界样式与填充样式，此处以绿色边界为例，如图 11-19 所示。

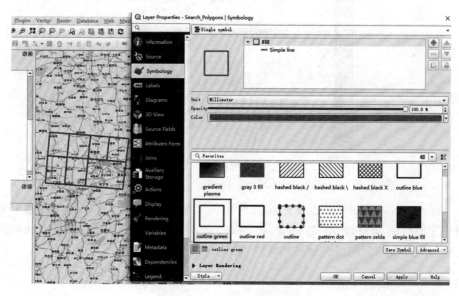

图 11-19　地图样式设置

除此之外，还可以添加地图标注，切换到 Labels 选项，即 abc 标签，将"No labels"下拉选项切换为"Show labels for this layer"，如图 11-20 所示。

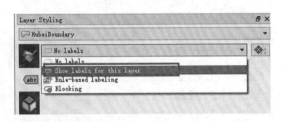

图 11-20　地图标注是否显示

选择后，设置标注字段，这里选择"name"，还可以调整显示效果、字体、颜色、透明度、大小等属性，如图 11-21 所示。

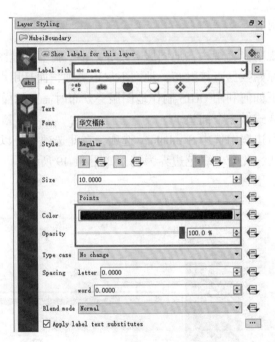

图 11-21　地图标注样式设置

其他样式的详细设置还有很多，这里不一一介绍，读者可自行参考 QGIS 官方帮助文档和用户手册，网址为 https：//www. qgis. org/en/docs/index. html。由于此例的数据是行政区边界，为避免与底图里的地名标注重复，所以该测试图层不设置标注。

11.4.5　地图样式导出

需要注意的是，该样式也将会是该图层在地图服务发布后的样式，样式设定之后，单击右键，选择左边图层栏中的矢量数据，点击属性(Properties)，如图 11-22 所示。

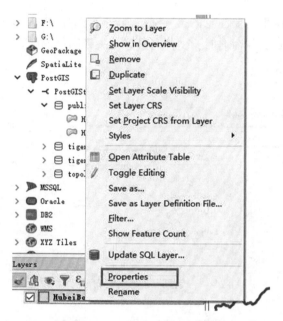

图 11-22　右键打开矢量数据属性

打开属性窗体后，在最下边找到 Style 下拉菜单，选择"Save Style..."，如图 11-23 所示。

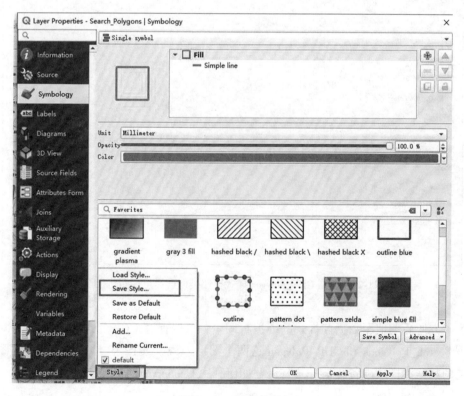

图 11-23　样式保存

弹出保存界面。这里需要注意的是，Save Style 要选择 As SLD style file，选择后，设置样式保存路径，样式文件命名时，文件名最好与矢量图层的名称相同，便于后期管理和使用，如图 11-24 所示。

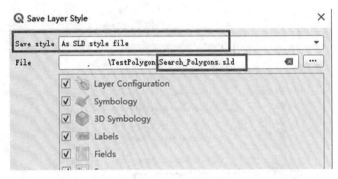

图 11-24　样式存储类型选择与存储路径设置

保存后，用同样的方式也对另一个 GDP_Polygon 数据的样式进行设置，如图 11-25 所示。

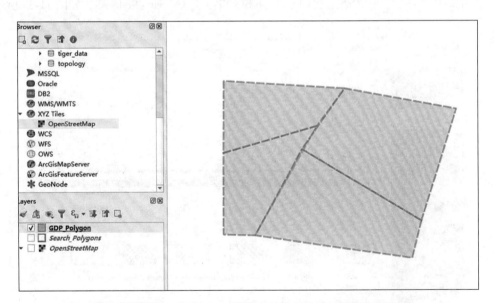

图 11-25　数据 GDP_Polygon 样式存储类型选择与存储路径设置

为了方便后期地图数据和样式的维护与调整，可以保存 QGIS 工程。到这里，对于测试数据 Search_Polygons 和 GDP_Polygon 这两个图层来说，QGIS 基本上完成了在地图服务发布前的数据和样式准备，下一章将讲解如何利用 GeoServer 进行地图服务的发布。

11.5　本章小结

本章介绍了开源 GIS 软件 QGIS 的安装与配置以及空间数据的管理与制图操作，下一章将会介绍如何将自定义的空间数据转化为在 Web 端可以调用的地图服务。

第12章 地图服务工具

本章将介绍 OGC 以及 WMS、WFS、WCS、WMTS 几个基本地图服务的概念。在此基础上，再介绍一款开源的地图服务发布软件 GeoServer，并详细介绍其特点、下载、安装以及服务发布和服务加载的具体方法。

12.1 地图服务简介

12.1.1 OGC 开放地理信息联盟

Open Geospatial Consortium，即开放地理信息联盟，是一个非营利性质的国际标准化组织，引领着空间地理信息标准及定位基本服务的发展。目前在空间数据互操作领域，基于公共接口访问模式的互操作方法是一种基本操作方法。通过国际标准化组织（ISO/TC211）或技术联盟（如 OGC）制定空间数据互操作的接口规范，GIS 软件商开发遵循这一接口规范的空间数据的读写函数，可以实现异构空间数据库的互操作。基于 http（Web）XML 的空间数据互操作是一个很热门的研究方向，主要涉及 Web Service 的相关技术。OGC 和 ISO/TC211 共同推出了基于 Web 服务（XML）的空间数据互操作实现规范 Web Map Service、Web Feature Service、Web Coverage Service 以及用于空间数据传输与转换的地理信息标记语言 GML。

OGC 定义了几种地理参考信息模型：Web 地图服务（Web Map Server，WMS）、Web 要素服务（Web Feature Server，WFS）、Web 地理覆盖服务（Web Coverage Server，WCS）和 Web 地图切片服务（Web Map Tile Service，WMTS）。

更详细的 OGC 介绍请参阅 http：//www. opengeospatial. org/。

12.1.2 Web 地图服务 WMS

WMS 是 Web Map Service 的简称，利用具有地理空间位置信息的数据制作地图。WMS 利用具有地理空间信息的数据制作地图，在国际规范中，地图（map）被定义为地理数据的可视化表现，WMS 返回的地图并非地图数据，而是地图图像，格式可以是 PNG、GIF、JPEG、SVG、WebCGM 等。

详细信息可自行查看网站 http：//www. opengeospatial. org/standards/wms。

12.1.3 Web 要素服务 WFS

WFS 通过地图标记语言（Geography Markup Language，GML）传递地理空间数据，它支持在基于 HTTP 协议的分布式计算平台上对地理要素进行插入（INSERT）、更新（UPDATE）、删除（DELETE）和发现（DISCOVERY）等操作，并且在这些操作的过程中还保证了地理数据变化的一致性。

详细信息可自行查看网站：http：//www. opengeospatial. org/standards/wfs。

12.1.4　Web 地理覆盖服务 WCS

WCS 是 OGC 定义的在 Web 上以"Coverage"的形式共享地理空间数据的规范。所谓"Coverage"是指能够返回其时空域中任意指定点的值的数据，其形式易于输入到模型中使用。WCS 服务是以"Coverage"的形式实现了栅格影像数据集的共享。

详细信息可自行查看网站：http：//www. opengeospatial. org/standards/wcs。

12.1.5　Web 地图切片服务 WMTS

WMTS 是 OGC 提出的缓存技术标准，即在服务器端缓存被切割成一定大小瓦片的地图，对客户端只提供这些预先定义好的单个瓦片的服务，将更多的数据处理操作如图层叠加等放在客户端，从而缓解 GIS 服务器端数据处理的压力，改善用户体验。

详细信息可自行查看网站：http：//www. opengeospatial. org/standards/wmts。

12.2　GeoServer 简介

GeoServer 是 OpenGIS Web 服务器规范的 J2EE 实现，利用 GeoServer 可以轻松发布地图数据，允许用户对特征数据进行更新、删除、插入操作，通过 GeoServer 可以比较容易地在用户之间迅速共享空间地理信息。GeoServer 是社区开源项目，可以直接通过官方网站下载，网址为：http：//geoserver. org/。

12.3　GeoServer 的优势

GeoServer 的优势包括以下方面：①兼容 WMS 和 WFS 特性；②支持 PostgreSQL、Shapefile、ArcSDE、Oracle、VPF、MySQL、MapInfo；③支持上百种投影；④能够将网络地图输出为 JPEG、GIF、PNG、SVG、KML 等格式；⑤能够运行在任何基于 J2EE/Servlet 容器之上；⑥嵌入 MapBuilder 支持 AJAX 的地图客户端 OpenLayers。除此之外，还包括许多其他的特性。

GeoServer 和 QGIS 的优势一样，也是免费、开源而且可扩展的。随着其快速发展，近年也深得广大用户喜爱。

12.4　GeoServer 下载与安装

由于 GeoServer 是 J2EE 的实现，因此在运行时还需要 Java 运行环境的支持。如果没有安装过 JDK 或者任何 Java 软件，则需要安装 Java 软件，GeoServer 帮助文档中需要安装

jre，但此处还是建议大家安装完整的 JDK（Java SE Development Kit），这样既能够保证 GeoServer 的正常安装与运行，又能确保以后需要用到 Java 时，避免再一次安装。JDK 的下载网址为 https：//www. oracle. com/technetwork/java/javase/downloads/index. html，选择 JDK10.0，跳转到下载页面，选择 Windows-64 位，如图 12-1 所示。

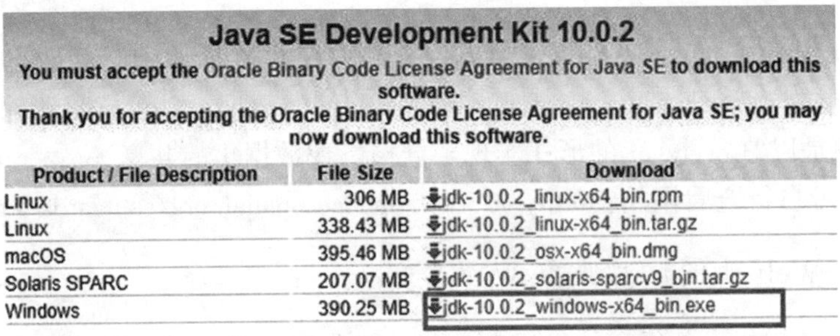

图 12-1　JDK 下载地址

下载后一直点击下一步，直到安装成功即可。安装成功后，可以在命令行进行测试，查看 JDK 版本，输入"java -version"，由于本书配套讲解的电脑之前安装了 1.8 版本，输入命令后，如果成功，则界面显示如图 12-2 所示。

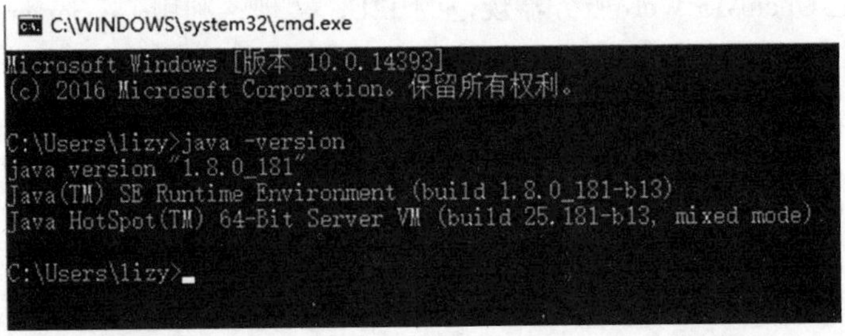

图 12-2　JDK 成功安装测试

JDK 安装成功后，接下来就安装 GeoServer。可从官方网站下载，下载地址为 http：// geoserver. org/release/stable/，目前最新版本为 2.13.2，点击"windows installer"下载，如图 12-3 所示。

下载后双击安装，显示如图 12-4 所示安装界面。

下一步，选择安装到 D 盘，主要考虑到后面要设置数据默认路径，所以最好不要安装到 C 盘，以免空间不够而影响系统效率。选择 JDK 之前的安装目录，一直单击下一步，直到安装成功，如图 12-5 所示。

选择数据默认目录，因为考虑到数据会越来越多，最好将目录设置到 D 盘或者其他非系统盘(C：/)的目录中，此处设置目录如图 12-6 所示。

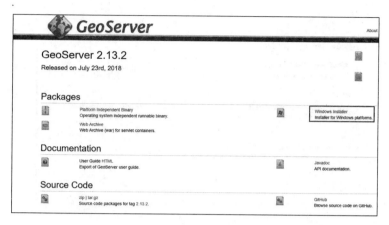

图 12-3　GeoServer 下载链接

图 12-4　安装界面

图 12-5　选择 JDK 路径

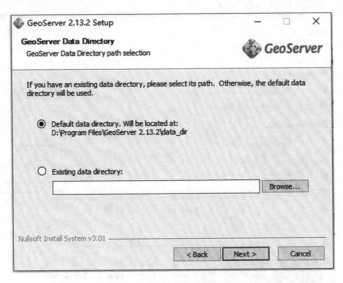

图 12-6　设置数据默认目录

设置用户名和密码，默认用户名为 admin，密码为 geoserver，如图 12-7 所示。

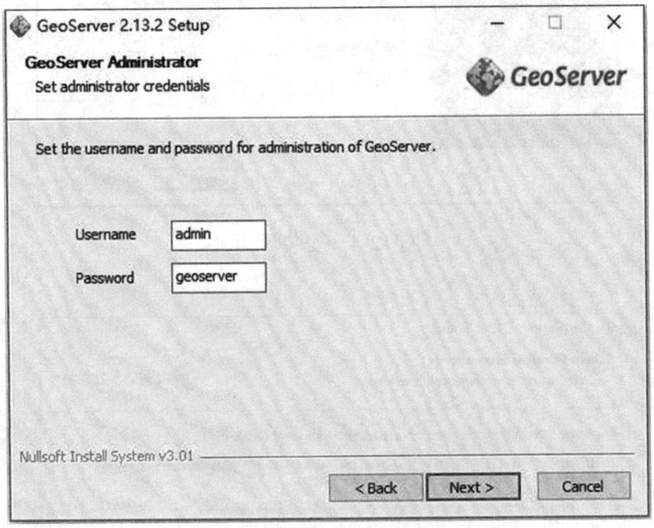

图 12-7　设置用户名和密码

　　端口号默认为 8080，如果本机的 8080 端口已被其他软件占用，可自行改为其他端口，但修改后要牢记，如图 12-8 所示。

　　选择手动启动即可。如果要把 Geoserver 安装成一个 Windows 系统服务，可以勾选下面的选项"Install as a service"。安装成系统服务后，电脑在开机后服务就会自动启动，这样设置的好处在于不用再手动启动该服务，不足之处就是在不用 Geoserver 的时候，服务

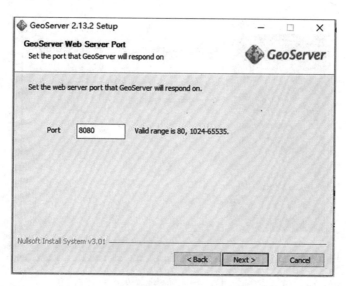

图 12-8　设置用户名和密码

启动会占用 Windows 系统资源，从而影响电脑的运行效率。因此这里建议如果是服务器专用于地图服务的，勾选安装为服务，如果仅是开发或者调试，则选择手动运行，如图 12-9 所示。

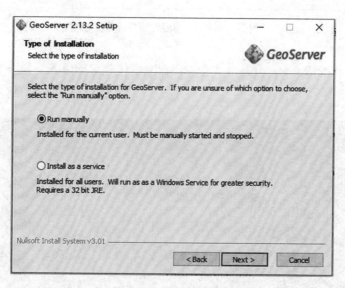

图 12-9　服务自启设置

安装成功后，界面会提示安装完成，如图 12-10 所示。

安装成功后，在对应的安装目录 bin 中可以看到服务启动和服务停止的执行程序，startup. bat 为启动服务，shutdown. bat 是停止服务，如图 12-11 所示。

图 12-10　安装成功

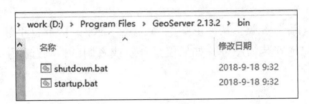

图 12-11　手动启停服务命令

点击服务启动按钮 startup. bat 后，会弹出命令窗体并启动服务，如图 12-12 所示。

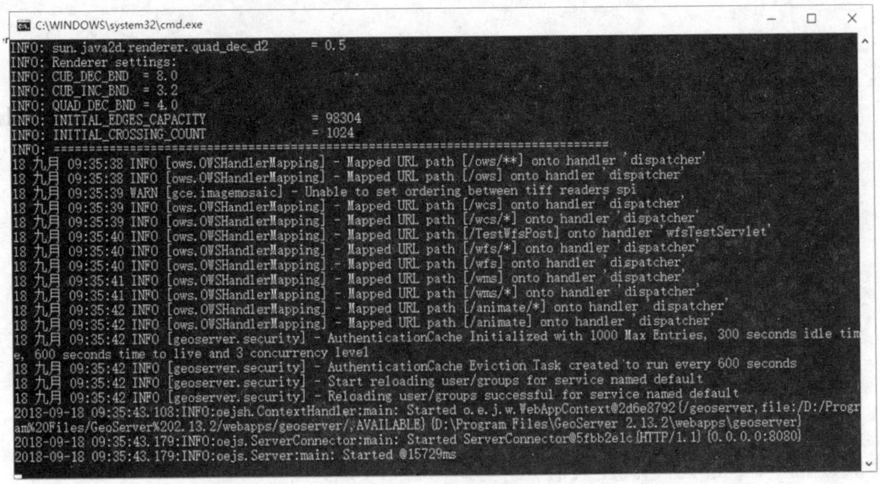

图 12-12　服务启动

打开浏览器，在地址栏中输入 http：//localhost：8080/geoserver/web/，则会看到 Geoserver 的界面，如图 12-13 所示。

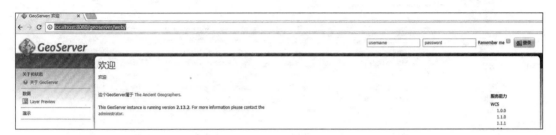

图 12-13 Geoserver 管理器访问地址

输入用户名和密码后，登录即可看到 GeoServer 管理员界面，如图 12-14 所示。

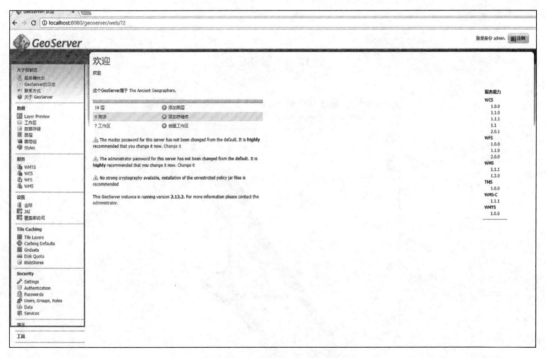

图 12-14 GeoServer 管理员界面

在左边的菜单栏中点击"Layer Preview"，可以看到已经发布的默认地图服务，如图 12-15 所示。

如果要预览地图服务，可点击服务名称对应行中的 OpenLayers 预览地图服务，这里以服务 Manhattan（NY）landmarks 为例，点击后面的 OpenLayers，查看效果如图 12-16 所示。

图 12-15　服务列表

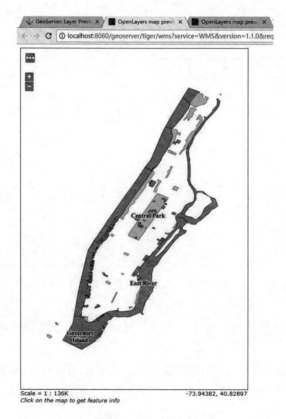

图 12-16　服务预览

12.5　GeoServer 跨域问题

我们通常需要通过 ajax 跨域访问 GIS 服务，GeoServer 默认是不支持跨域的，通常直接访问浏览器会报类似于"XMLHttpRequest"、"not allowed by Access-Control-Allow-Origin"的错误提示。主要问题的表现为，在 GeoServer 的管理器中，想要打开服务的 GeoJSON 服务，但会提示问题如图 12-17 所示。

图 12-17　GeoJSON 服务无法访问

因此，需要解决 GeoServer 跨域问题。选择 GeoServer 安装目录 D：\ Program Files \ GeoServer 2. 13. 2 \ webapps \ geoserver \ WEB-INF，打开 web. xml 文件，找到如下两处 cross-origin 已被注释的地方，将注释去掉，如图 12-18 所示。

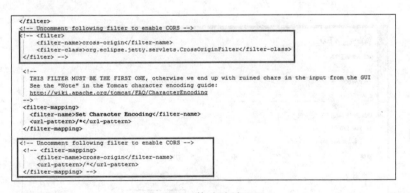

图 12-18　修改跨域配置

保存后，重新启动 GeoServer 服务即可。测试地图服务时最好用 chrome 浏览器或者 firefox 浏览器。

12.6　地图服务发布实例

12.6.1　新建工作区

点击菜单栏的工作区，新建工作区，输入名称"LightWebGIS"和命名空间，如图 12-19 所示。

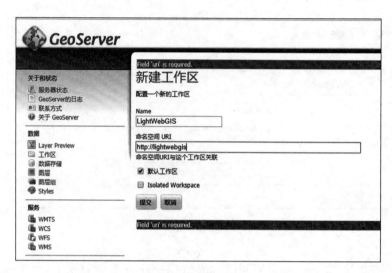

图 12-19　新建工作区

新建成功后，编辑刚才新建的工作区，勾选 WFS 和 WMS，如图 12-20 所示。

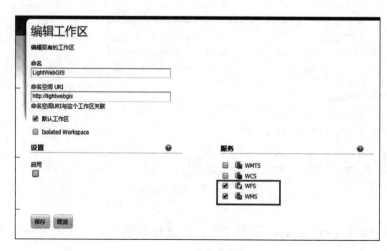

图 12-20　编辑工作区

12.6.2 新建数据存储

在发布 PostGIS 空间数据库中的数据之前，需要添加新的数据存储，建立 GeoServer 和 PostGIS 之间的联系，如图 12-21 所示。

图 12-21 数据存储管理

跳转到数据源界面，选择矢量数据源下面的 PostGIS，如图 12-22 所示。

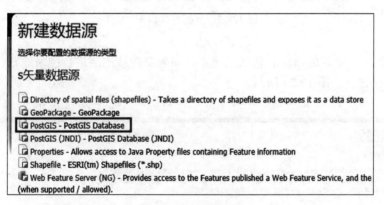

图 12-22 数据源选择

跳转到矢量数据源配置界面后，设置对应参数。工作区选择之前新建的 LightWebGIS；数据源名称填写之前用 QGIS 导入 PostGIS 中的数据名称，此处为 Search_Polygons；数据库名称为之前安装 PostGIS 时创建的空间数据库名称，此处为 postgis_sample。如果忘记，可打开数据库客户端查看，用户名和密码为 PostgreSQL 数据库的用户名和密码，参数设置如图 12-23 所示。

参数填写后点击最下面的保存按钮。如果参数配置无误，则会跳转到新建图层管理页

图 12-23　数据源参数配置

面，可以看到刚才新建的图层名称已经建立。如果要将该图层进行网络发布，则可点击后面的"发布"按钮，如图 12-24 所示。

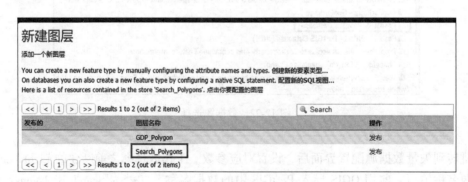

图 12-24　图层建立成功

新建好图层后点击"发布"按钮。下面将讲解如何设置地图服务发布并发布地图服务。

12.6.3　地图服务发布

新建好图层后点击"发布"按钮，会跳到服务参数配置界面，主要配置以下参数：一项是边框，点击"从数据中计算"，会自动生成最小 X、Y 和最大 X、Y 的值；另一项是纬度/经度边框，点击下面的"Compute from native bounds"也可以自动计算生成，如图 12-25 所示。

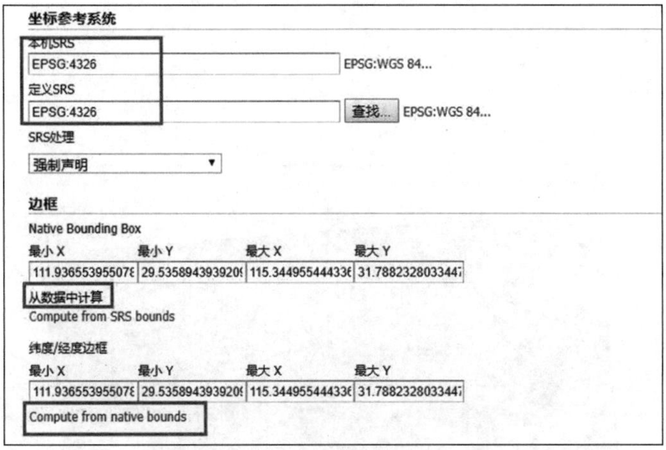

图 12-25　地图服务参数配置页面

由于之前的数据已经定义为 EPSG：4326 坐标系，因此这里的本机 SRS 和定义 SRS 一栏就会默认填写为 EPSG：4326，边框的值显示为经纬度。这个信息很重要，说明数据的坐标系已经可以与在线底图的坐标系一致，可以避免加载自己的地图服务与底图不能重合的问题。参数计算完成后，点击保存按钮。如果服务发布成功，就可以在服务列表中看到，如图 12-26 所示。

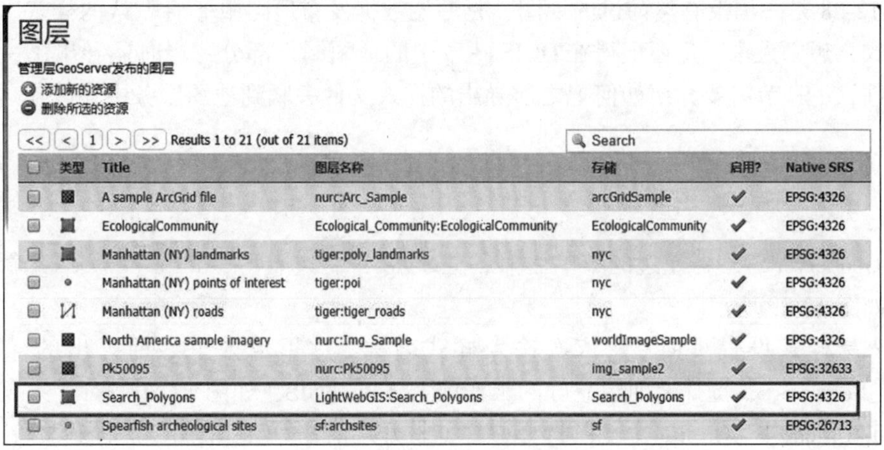

图 12-26　地图服务列表

如果要预览服务，可以从左边菜单栏中的 Layer Preview 图层预览的 OpenLayers 预览，如图 12-27 所示。

图 12-27　地图服务预览列表

预览效果如图 12-28 所示。

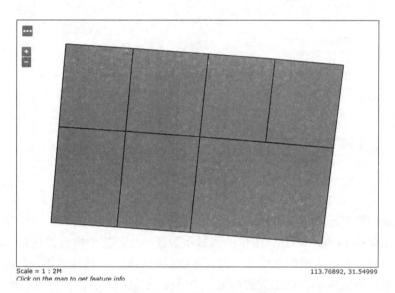

图 12-28　地图服务预览效果图

图 12-28 是一幅没有整饰过的地图，是原始数据发布地图服务后默认的样式。如果想改变样式，想必大家一定还记得在 QGIS 一章中的地图制作部分，当时还导出了一个地图样式文件，下一节将要介绍如何把之前导出的样式文件关联到地图服务中来改变现有地图的样式。

12.6.4　添加地图样式

在 GeoServer 管理器左边的菜单栏中点击 Styles，右边点击"Add a new style"新建一个样式，如图 12-29 所示。

进入新样式设置页面后，依次输入样式名称，这里输入了之前导出的样式名称"Search_Polygons"，选择之前建立好的工作区 LightWebGIS，如图 12-30 所示。

点击 Upload a style file 下面的选择文件，打开之前在 QGIS 中保存的样式文件 Search_Polygon.sld，点击右侧的"Upload..."，下面的 Style Editor 窗体里会生成 XML 标签脚本，则表明样式已经导入成功，如图 12-31 所示。

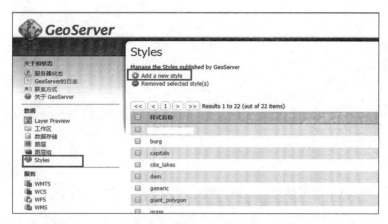

图 12-29　新建地图样式

图 12-30　新建地图样式设置基本参数

图 12-31　导入地图样式

成功导入后，点击下面的“提交”，在 Styles 列表页中可以看到刚才新建的样式 Search_Polygons，如图 12-32 所示。

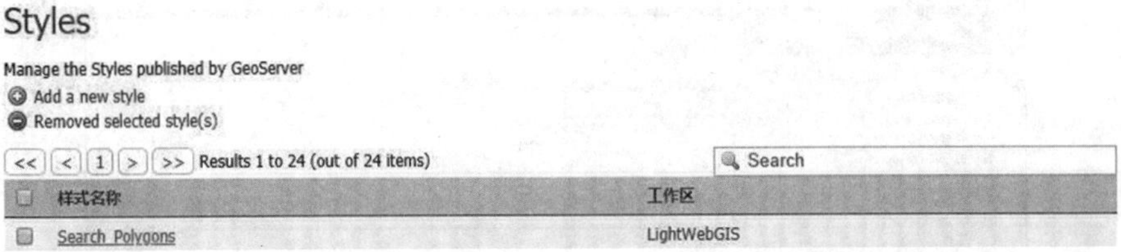
Styles
Manage the Styles published by GeoServer
Add a new style
Removed selected style(s)
<< < 1 > >> Results 1 to 24 (out of 24 items)
Search
样式名称
工作区
Search_Polygons
LightWebGIS

图 12-32　地图样式列表

在左边菜单栏点击图层即可进入图层数据列表，如图 12-33 所示。

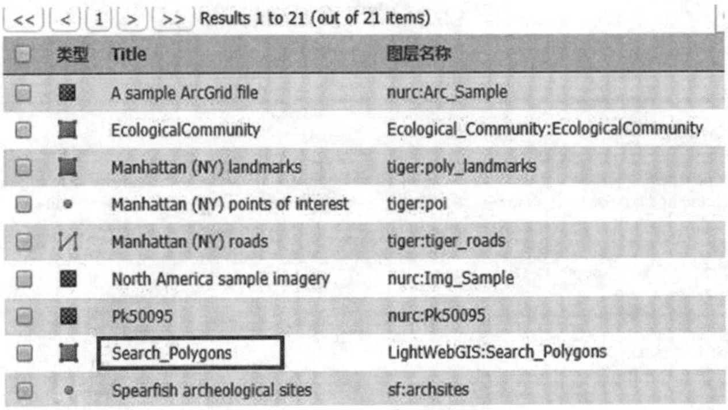
<< < 1 > >> Results 1 to 21 (out of 21 items)
类型
Title
图层名称
A sample ArcGrid file
nurc:Arc_Sample
EcologicalCommunity
Ecological_Community:EcologicalCommunity
Manhattan (NY) landmarks
tiger:poly_landmarks
Manhattan (NY) points of interest
tiger:poi
Manhattan (NY) roads
tiger:tiger_roads
North America sample imagery
nurc:Img_Sample
Pk50095
nurc:Pk50095
Search_Polygons
LightWebGIS:Search_Polygons
Spearfish archeological sites
sf:archsites

图 12-33　图层数据列表

打开 Search_Polygons 图层的编辑参数页面，在编辑图层的页面里可切换到发布标签页。在默认样式的下拉框中选择之前添加的样式 Search_Polygons，如图 12-34 所示。

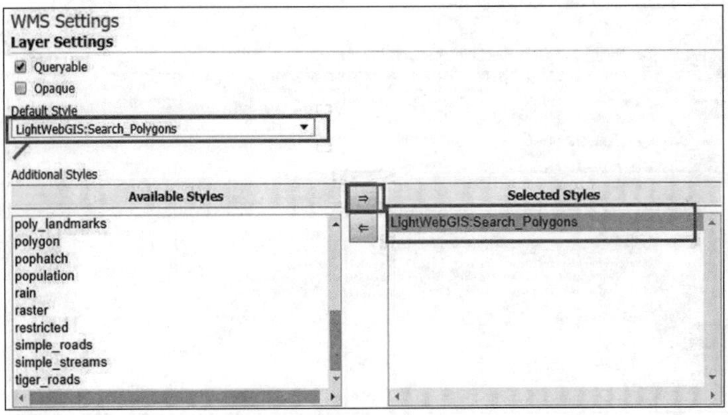
WMS Settings
Layer Settings
Queryable
Opaque
Default Style
LightWebGIS:Search_Polygons
Additional Styles
Available Styles
Selected Styles
poly_landmarks
polygon
pophatch
population
rain
raster
restricted
simple_roads
simple_streams
tiger_roads
LightWebGIS:Search_Polygons

图 12-34　图层样式选择

选择后保存服务，在图层预览中再次预览地图服务，可发现此时的地图样式已经同之前在 QGIS 中设置的一样，如图 12-35 所示。

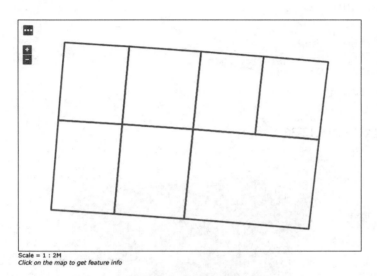

Scale = 1 : 2M
Click on the map to get feature info

图 12-35　地图服务样式更新

12.7　地图服务加载实例

12.7.1　加载 WMS 举例

为了避免复杂的调试环境带来不必要的问题，本节的地图服务加载实例先在第 3 章的 Leaflet 例子基础上进行，等调试无误后，再移植到注册登录的 ExpressLogin 项目中。

在 HBuilder 里打开第 7 章已成功调试的 Leaflet 工程，修改 LeafletMap.js 文件中的代码如下：

```
var map;
//地图初始化
function init(){
  map = L.map('map').setView([30.201885, 112.524585 ], 9);//地图中心与
缩放级别
  //服务地址
  var url='http://localhost:8080/geoserver/LightWebGIS/wms'
  //构建图层属性
  const bounderLayer = L.tileLayer.wms(url, {
  //图层名称
  layers:'LightWebGIS:Search_Polygons',
  //图层格式
```

```
format: "image/png",
//投影坐标系类型
crs: L.CRS.EPSG4326,
//透明度
opacity: 0.5,
transparent: true
}).addTo(map);
}
```

网页预览效果如图 12-36 所示。

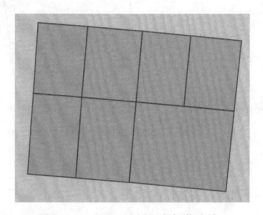

图 12-36　WMS 地图服务加载成功

服务加载后发现，专题图层"Search_Polygons"的浅色样式不是很清晰，如果不能满足要求，可以在 QGIS 里按照之前的样式设置方法重新调整数据样式，如图 12-37 所示。

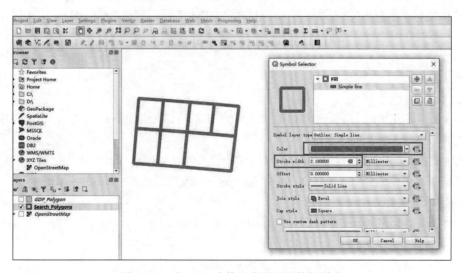

图 12-37　在 QGIS 中修改专题图层数据样式

保存样式文件，在 GeoServer 的 Styles 选项卡中找到 Search_Polygons 图层，打开参数设置后，重新上传新样式文件，如图 12-38 所示。

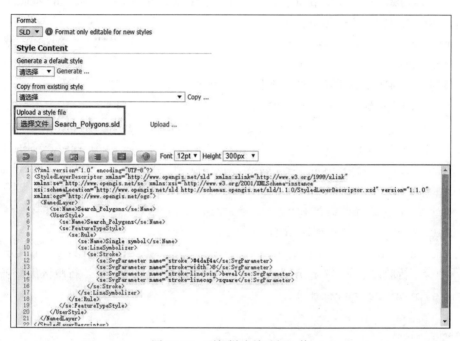

图 12-38　更新样式并重新上传

上传成功后，地图中的样式会自动更新，无需重新发布服务，此处以把边界颜色调整为深色为例，效果如图 12-39 所示。

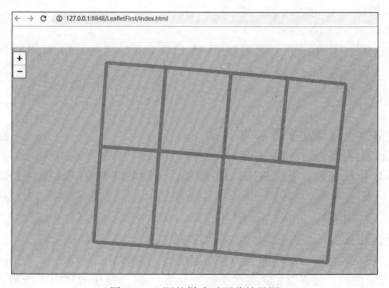

图 12-39　调整样式后预览效果图

12.7.2 加载 GeoJSON 举例

在加载 GeoJSON 服务时，由于要用到 ajax，因此需要在 views 目录下的 header.ejs 中添加 jquery 在线引用，代码如下：

```
< script src = " https:// cdn.bootcss.com/jquery/1.10.2/jquery.min.js"></script>
```

在上一节的 LeafletMap.js 继续修改，在加载 WMS 服务的后面添加以下代码：

```
//Search_Polygons 边界 GeoJSON 服务的完整路径
var url = " http:// localhost: 8080/geoserver/LightWebGIS/ows?
service = WFS&version = 1.0.0&request = GetFeature&typeName =
LightWebGIS% 3ASearch _ Polygons&maxFeatures = 50&outputFormat =
application% 2Fjson"
var Search_PolygonsGeoJSON = L.geoJson(null, {
    onEachFeature: function(feature, marker) {
        marker.bindPopup('<h4 style = "color:'+feature.properties.
color+'">'+'行政区名称:'+ feature.properties.name+'<br />行政区编码:'
+feature.properties.code);
    }
}).addTo(map);
//ajax 调用
$ .ajax({
    url: url, //WFS 服务的完整路径
    dataType: 'json',
    outputFormat: 'text/javascript',
    success: function(data) {
        //将调用出来的结果添加至之前已经新建的空 GeoJSON 图层中
        Search_PolygonsGeoJSON.addData(data);
    },
});
```

添加完整代码后，效果如图 12-40 所示。

其中，url 的获取方式可以从 GeoServer 管理页面中的服务预览中找到对应的服务，本例中为"Search_Polygons"，下拉 Select One 按钮，选择 WFS 中的 GeoJSON，如图 12-41 所示。

选择后，会弹出 Search_Polygon 服务的 GeoJSON 网页，地址栏中就是完整的 url，拷贝出来放到代码中的 url 参数中即可，如图 12-42 所示。

打开后，确认数据的参数中是否为经纬度格式。如果是经纬度格式，则应该可以正常显示地图并弹出窗口；如果是投影后的大地坐标系，则会只能看到而不能弹出信息窗口，数据的投影转换请参考本书 QGIS 一章中数据坐标转换的相关内容。

```
var url='http://localhost:8080/geoserver/LightWebGIS/wms'
//构建专题地图服务连接串
const bounderLayer = L.tileLayer.wms(url, {
    layers: 'LightWebGIS:Search_Polygons',
    format: "image/png",
    crs: L.CRS.EPSG4326,
    opacity: 0.5,
    transparent: true
});
//Search_Polygons边界GeoJSON服务的完整路径
var url = "http://localhost:8080/geoserver/LightWebGIS/ows?service=WFS&version=1.0.0&request=GetFeature&typeName=Light
var Search_PolygonsGeoJSON = L.geoJson(null, {
    onEachFeature: function(feature, marker) {
        marker.bindPopup('<h4 style="color:'+feature.properties.color+'">'+'行政区名称: '+ feature.properties.name+
    }
}).addTo(map);
//ajax调用
$.ajax({
    url: url, //GeoJSON服务的完整路径
    dataType: 'json',
    outputFormat: 'text/javascript',
    success: function(data) {
        //将调用出来的结果添加至之前已经新建的空geojson图层中
        Search_PolygonsGeoJSON.addData(data);
    },
});
```

图 12-40　修改后加载 WMS、GeoJSON 完整代码

图 12-41　选择预览 GeoJSON

图 12-42　GeoJSON 服务地址

上述两个文件代码添加并修改后，可以预览效果，当点击行政区时，即会弹出窗体显示行政区名称和行政区编码，如图 12-43 所示。

12.7.3　图层控制举例

在实际应用中，一般会向用户提供多个底图和多个专题地图服务图层，供不同情况下切换、叠加使用，可参考官网上 Leaflet 图层管理举例，网址为 https://leafletjs.com/examples/layers-control/。

1. OpenStreetMap 底图举例

这里先以 openstreetmap 和 mapbox 两个街道底图和一个荆州市各县行政边界专题图层

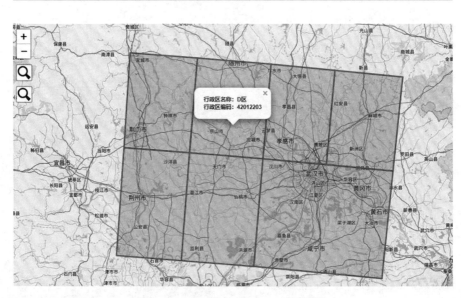

图 12-43　LoadWFSGeoJSON 效果预览

为例来说明加载并管理底图和专题地图服务的具体操作。

在 LeafletMap. js 中加入 openstreetmap 和 mapbox 底图图层，需要注意的是，如果在定义图层时在 tileLayer 后面加上 addTo(map)，则表示定义图层链接并在加载后默认打开显示该图层，在此例中设置了 openstreetmap 为默认打开，代码如下：

```
//openstreetmap 底图
var openstreetmap = L.tileLayer('https://{s}.tile.openstreetmap.org/
{z}/{x}/{y}.png?{foo}', {foo: 'bar'}).addTo(map);
//mapbox-street 底图
var mapboxstreet = L.tileLayer ('https:// api.tiles.mapbox.com/v4/
{id}/{z}/{x}/{y}.png? access_token={accessToken}', {
        attribution: ' Map data &copy; < a href = " https://
www.openstreetmap.org/">OpenStreetMap</a> contributors, <a href = "
https:// creativecommons.org/licenses/by-sa/2.0/" > CC-BY-SA </a >,
Imagery <a href="https://www.mapbox.com/">Mapbox</a>',
    maxZoom: 18,
    id: 'mapbox.streets',
    accessToken: '将 mapbox 官网注册申请到的密钥添加到这里'
})
```

构建底图列表组以及专题图层数组，并将这两组图层都加到地图中，代码如下：
```
//定义底图
```

```
var baseMaps = {
    "OpenstreetMap": openstreetmap,
    "MapboxStreets": mapboxstreet
};
//地图服务地址
var url='http://localhost:8080/geoserver/LightWebGIS/wms'
//构建专题地图服务连接串
const boundaryLayer = L.tileLayer.wms(url, {
    layers:'LightWebGIS:Search_Polygons',
    format: "image/png",
    crs: L.CRS.EPSG4326,
    opacity: 0.5,
    transparent: true
});
    //定义专题图层
var overlayMaps = {
    "Search_Polygons": boundaryLayer
};
    //加载底图与专题图层
L.control.layers(baseMaps, overlayMaps).addTo(map);
```

代码构建后，预览效果，在右上角有图层按钮，可用来选择底图并开关专题图层，可以选择"OpenstreetMap"或者"MapboxStreets"，并打开"Search_Polygons"，如图 12-44 所示。

图 12-44　地图服务图层控制效果

2. 国内在线底图插件多图层控制

Leaflet 提供了国内天地图、高德等地图的插件，如果想让应用的底图更丰富一些，可以用网站 https：//github. com/htoooth/Leaflet. ChineseTmsProviders 提供的插件来加载多个底图，在插件网站下载源码。下载后，将 src 目录中的 leaflet. ChineseTmsProviders. js 放入工程的 js 文件夹中，如图 12-45 所示。

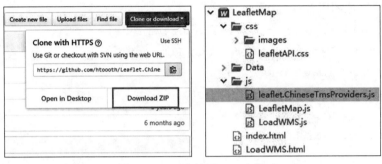

图 12-45　下载并导入 js 文件

在 index. html 网页中添加 js 引用：

```
<script type="text/javascript" src="js/leaflet.ChineseTmsProviders.js"></script>
```

继续在 LeafletMap. js 中添加图层服务，此处以高德地图和谷歌地图为例，在底图的代码下面加入各图层代码：

```
//谷歌
var GoogleMap = L.tileLayer.chinaProvider('Google.Normal.Map',{//谷歌地图
            maxZoom：18,minZoom：4
        }),
Googlesatellite = L.tileLayer.chinaProvider('Google.Satellite.Map',
{//谷歌影像
            maxZoom：18,minZoom：4
        });
//高德地图
var Gaode = L.tileLayer.chinaProvider('GaoDe.Normal.Map',{//高德地图
        maxZoom：18,minZoom：4
    });
var Gaodeimgem = L.tileLayer.chinaProvider ('GaoDe.Satellite.Map',
{//高德影像
            maxZoom：18,minZoom：4
        });
```

```
var Gaodeimga = L.tileLayer.chinaProvider('GaoDe.Satellite.
Annotion', { //高德影像标注
        maxZoom: 18,minZoom: 4
    });
var Gaodeimage = L.layerGroup([Gaodeimgem, Gaodeimga]);
```

底图 baseMaps 图层数组的构建，代码如下：

```
var baseMaps = {
            "OpenstreetMap": openstreetmap,
            "MapboxStreets": mapboxstreet,
    "谷歌地图": GoogleMap,
    "谷歌影像": Googlesatellite,
    "高德地图": Gaode,
    "高德影像": Gaodeimage
};
```

专题图层数据定义代码如下：

```
//定义专题图层
    var overlayMaps = {
        "Search_PolygonsGeoJSON": Search_PolygonGeoJSON,
    };
    //加载底图与专题图层
L.control.layers(baseMaps, overlayMaps).addTo(map);
```

在线底图与专题图层控件组合代码如图 12-46 所示。

```
//定义底图
var baseMaps = {
    "OpenstreetMap": openstreetmap,
    "MapboxStreets": mapboxstreet,
    "谷歌地图": GoogleMap,
    "谷歌影像": Googlesatellite,
    "高德地图": Gaode,
    "高德影像": Gaodeimage
};
//定义专题图层
var overlayMaps = {
    "Search_Polygons": Search_PolygonsGeoJSON ,
    //"GDP_Polygon": GDP_Polygon_GeoJSON
};
//加载底图与专题图层控件
L.control.layers(baseMaps, overlayMaps).addTo(map);
```

图 12-46　在线底图与专题图层控件组合代码片段

代码融合完毕后，预览效果如图 12-47 所示。

3. 多个专题图层的加载与图层控制

在实际应用中，往往会涉及添加多个专题图层并进行图层控制与管理，因此这里以测

图 12-47　图层组件预览效果图

试数据 GDP_Polygon 图层为例，对多个专题图层的加载进行说明，以帮助大家对图层的控制和管理有更深入的理解。GDP_Polygon 图层处理并发布服务的具体方法请参见第 13 章，与 Search_Polygons 图层数据的处理方式类似。

服务发布成功后，在 LeafletMap. js 中，参考 Search_Polygons 服务 GeoJSON 的加载代码，加入 GDP_Polygon 图层服务 GeoJSON 的加载代码：

```
//GDP_Polygon 边界 GeoJSON 服务的完整路径
var url = " http:// localhost: 8080/geoserver/LightWebGIS/ows?
service = WFS&version = 1.0.0&request = GetFeature&typeName =
LightWebGIS% 3AGDP _ Polygon&maxFeatures = 50&outputFormat =
application% 2Fjson"
    //定义 GeoJSON 图层
    var GDP_Polygon_GeoJSON = L.geoJson(null, {
        //回调函数
        onEachFeature: function( feature, marker) {
                //点击弹出信息窗口
                marker.bindPopup('<h4 style = "color:'+feature.
properties.color+'">'+'行政区名称:'+ feature.properties.name+'<br/>行
政区编码:'+feature.properties.code);
        }
    })//.addTo(map);//默认打开图层
    $ .ajax({
```

```
url：url，//GeoJSON 服务的完整路径
dataType：'json',
outputFormat：'text/javascript',
success：function(data) {
    //将调用出来的结果添加至之前已经新建的空 geojson 图层中
    GDP_Polygon_GeoJSON.addData(data);
},
});
```

需要注意的是，代码中 feature. properties. name 和 feature. properties. code 中 name 和 code 与空间数据的属性字段对应。本例中的 GDP_Polygon 图层，name 为代码名称，code 为代码编号，如果使用自行准备的测试数据，请确认数据中是否有对应字段以及字段名称。

图层加载后，修改专题图层数组内容，如图 12-48 所示。

```
//定义专题图层
var overlayMaps = {
    "Search_Polygons": Search_PolygonsGeoJSON ,
    "GDP_Polygon": GDP_Polygon_GeoJSON
};
//加载底图与专题图层控件
L.control.layers(baseMaps, overlayMaps).addTo(map);
```

图 12-48　在图层控制列表中加入 GDP_Polygon 专题图层服务

预览效果如图 12-49 所示。

图 12-49　多个专题图层控制预览效果

4. Esri Leaflet 插件

Esri 也针对 Leaflet 开发了相关插件，属于轻量级的 WebGIS 开发框架，并且在被扩展后，开发者可以轻松调用 Esri 的底图或者通过插件的方式支持 ArcGIS 服务。熟悉 GIS 应用开发的人员可能都知道，相较于 Esri 早年推出的重量级 WebGIS 开发框架 ArcGIS JavaScript API，esri-leaflet 轻便了很多，使得入门的门槛也降低了很多。Esri Leaflet 官方下载及 API 文档地址为 http：//esri. github. io/esri-leaflet/，目前最新版本为 2. 2. 3，如图 12-50 所示。

图 12-50　Esri Leaflet 下载地址

Esri Leaflet 也可以不下载到本地，直接通过 CDN 在线引用，利用 Esri Leaflet 插件加载 ArcGIS Server 服务的举例请查看网站 http：//esri. github. io/esri-leaflet/examples/的相关内容。

5. 地名解析与查询

Leaflet 的地名解析与查询可以参考网站 http：//labs. easyblog. it/maps/leaflet-search/的举例，如果要集成到本地应用，需要下载插件，如图 12-51 所示。

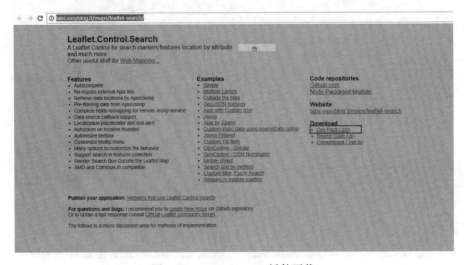

图 12-51　leaflet-search 插件下载

下载解压后，在 src 文件夹中找到对应的 js 与 css 文件以及 images 中的搜索图标引入到本地对应文件夹中，具体可以参考下载后文件夹 leaflet-search-master \ examples 中的 geocoding-nominatim. html 例子，如图 12-52 所示。

图 12-52 leaflet-search 插件文件加入工程目录中

在 index. html 加入 js 和 css 样式引用，如图 12-53 所示。

```
<!--link the style of index.html-->
<link rel="stylesheet" href="css/leafletAPI.css" />
<link rel="stylesheet" href="css/leaflet-search.css" />
<link rel="stylesheet" href="css/leaflet-search.mobile.css" />
<!--import the LeafletMap.js which control this web function-->
<script type="text/javascript" src="js/leaflet.ChineseTmsProviders.js" ></script>
<script type="text/javascript" src="js/leaflet-search.js" ></script>
<script type="text/javascript" src="js/LeafletMap.js" ></script>
```

图 12-53 leaflet-search 插件引用

在 LeafletMap. js 中，加入搜索控件加载代码，如图 12-54 所示。

```
*///地名解析与查询定位控件
map.addControl( new L.Control.Search({
    url: 'http://nominatim.openstreetmap.org/search?format=json&q={s}',
    jsonpParam: 'json_callback',
    propertyName: 'display_name',
    //搜索提示Tips
    textPlaceholder:'地名查询搜索...',
    propertyLoc: ['lat','lon'],
    marker: L.circleMarker([0,0],{radius:30}),
    autoCollapse: true,
    autoType: false,
    minLength: 2
}) );
```

图 12-54 加载 leaflet-search 搜索框

添加代码后，可预览效果，在搜索框中输入"武汉"，会提示武汉的地址，点击后定位到武汉，如图 12-55 所示。

图 12-55　leaflet-search 搜索效果预览

6. GeoJSON 图层空间查询并高亮显示

在很多应用中，会用到图层空间查询，如利用属性查询地图要素并高亮显示，如 leaflet-search 的 例 子 可 参 考 网 址 http：//labs. easyblog. it/maps/leaflet-search/examples/geojson-layer. html 的相关内容。在上一节中，已经将 leaflet-search 插件下载的 js 以及样式文件导入到了工程里面，这里会介绍具体实现单一要素空间图层的查询与高亮显示的操作。继续在 LeafletMap. js 中加入搜索控件的代码如下：

```
//定义搜索控件
var searchControl = new L.Control.Search({
        //定义搜索查询的图层
        layer: Search_PolygonsGeoJSON,
        //定义搜索关键字
        propertyName: 'name',
        //搜索提示 Tips
        textPlaceholder:'地图要素搜索 ...',
        //是否标记
        marker: false,
        //缩放到图层函数定义
        moveToLocation: function(latlng, title, map) {
            //定义放大并弹出属性窗口
            var zoom = map.getBoundsZoom(latlng.layer.getBounds
());
```

```
                //放大缩放到定义图层
                map.setView(latlng, zoom); //access the zoom
        }
});
    //搜索控件响应函数
    searchControl.on('search:locationfound', function(e) {
//移除上一次查询图层高亮
    map.removeLayer(this._markerSearch)
//定义高亮样式
        e.layer.setStyle({fillColor:'#3f0', color:'#0f0'});
        if(e.layer._popup)
                e.layer.openPopup();
            //搜索回调函数
}).on('search:collapsed', function(e) {
        //每个要素图层的样式响应函数
            featuresLayer.eachLayer( function(layer) {// restore
feature color
        //重新给要素图层设定样式
        featuresLayer.resetStyle(layer);
    });
});
map.addControl( searchControl );  //inizialize search control
```

　　加入后，预览效果，发现地图的左边出现了两个搜索图标，如图 12-56 所示，上面是上一节的地名解析与查询，下面是搜索框中空间要素查询与高亮显示的举例。

图 12-56　两个搜索框

　　在下面一个检索框中，当输入要素名称时，搜索框会提示完整名称，选择后，地图会缩放到对应要素并弹出属性窗口且高亮显示，如图 12-57 所示。
　　其他要素的查询与搜索可参考网址 http：//labs. easyblog. it/maps/leaflet-search/的其他

153

例子，如图 12-58 所示。

图 12-57　要素空间搜索代码

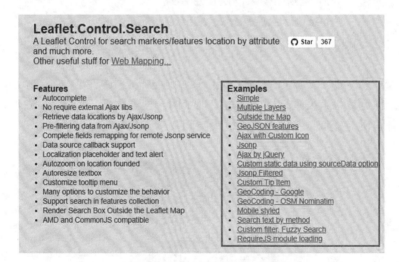

图 12-58　在要素空间搜索其他举例参考

12.7.4　举例代码集成

1. 代码与样式文件拷贝

将上一节 LeafletFirst 工程中调试好的 js 文件 LeafletMap. js 以及引用的 js 文件 leaflet. ChineseTmsProviders. js、leaflet-search. js 拷贝到 ExpressLeaflet 工程的 public 的 javascripts 文件夹中，如图 12-59 所示。

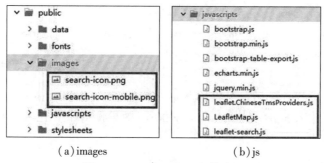

（a）images （b）js

图 12-59　js 及 images 文件移植

样式文件以及图片文件拷入对应的 stylesheets 文件夹中，如图 12-60 所示。

图 12-60　css 样式文件移植

在 views 文件夹下的 head.ejs 模板文件中引入刚才拷贝进来的 js 文件和 css 样式文件。

```
<! —Load html map css —>
<link rel="stylesheet" href="../stylesheets/leafletAPI.css" />
<link rel="stylesheet" href="../stylesheets/leaflet-search.css" />
<link rel="stylesheet" href="../stylesheets/leaflet-search.mobile.css" />
<! —Load LeafletMap JavaScript self—>
<script type="text/javascript" src="../javascripts/LeafletMap.js"></script>
<! —Load ChineseTmsProviders JavaScript plugins—>
<script type="text/javascript" src="../javascripts/leaflet.
```

155

```
ChineseTmsProviders.js" ></script>
<! —Load leaflet-search.js JavaScript —>
< script  type = " text/javascript "  src = " ../javascripts/leaflet-
search.js" ></script>
```

2. 结果预览

在命令行进入工程目录后，可以输入命令："supervisor bin/www"，启动服务，打开浏览器，地址栏里输入 http：//localhost：3000/，效果预览如图 12-61 所示。

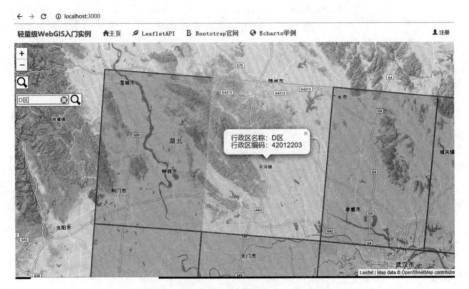

图 12-61　集成后预览

12.8　本章小结

本章详细介绍了 GeoServer 的特点、环境配置以及服务发布和服务加载方法，并分别给出相应实例。本章的重点就是让大家学会如何利用开源的软件实现自定义地图数据的服务发布和加载。下一章将会介绍地图和数据库的图属关联方法。

第 13 章　WebGIS 图属关联举例

本章将介绍 WebGIS 的重点，当然也是难点，即图属关联。本章通过一个具体的实例详细介绍如何实现前端地图与后端数据库的实时数据交互。

13.1　基本思路

在实际应用中，常常有这样的需求，用户不仅想知道地图数据的基本信息，如某个区域的名称、编码或者某一年的某项数据等，还想查询如某个区域历年的某项指标数据，而这些数据又是随着时间的推移而不断变化的。由于矢量地图数据是面向对象的思想，按矢量要素存储，每一个要素就是一个对象，每一行记录存储一个地图要素对象，换句话说，就是每一个要素只有一行记录，因此无法同时存储不断变化着的时间序列数据，而传统的关系数据库则擅长存储时间序列且不断变化的属性数据。因此，基于上述需求，面向对象-关系数据库的数据结构应运而生并逐渐被广泛使用，这种数据结构可满足诸如地图上的要素挂接多个时间序列属性信息的需求。地图数据和属性数据分别存储，通过唯一标识字段进行关联，这样独立管理和维护，可以极大地提高维护效率，降低维护成本。很明显，图属关联的核心在于地图数据与属性数据关联的字段，因此就要保证地图数据和属性数据库中都有这个字段。例如要在地图上查询一个区域的某项指标变化，可以通过区域编码进行图属关联，在区域矢量边界的地图数据中要有这个区域编码，在存放指标数据的属性数据表中，也必须有区域编码字段与地图数据中的区域编码字段一一对应，在属性数据库表中存储数据的时候，每一条记录的区域编码不能为空。图属数据字段及关联举例如图 13-1 所示。

(a)区域多边形矢量数据　　　(b)各区域多年 GDP 属性数据

图 13-1　图属关联数据库设计举例

如图 13-1 所示，(a)图中是地图矢量数据的数据结构和内容，(b)图是存储省历年 GDP 数据的属性数据库表结构与数据，通过区域编码将二者进行关联。在实际操作中，可以先通过地图被选中多边形要素获取其要素的属性字段 code，再通过 code 到对应的属性数据库 polygon_gdp 表格进行关联查询，得到被选择多边形的 code 在属性数据库中与之对应的所有数据和信息，再将其信息通过图表的方式展示到前端的页面上或者弹出的窗口里，做出类似如图 13-2 的效果。

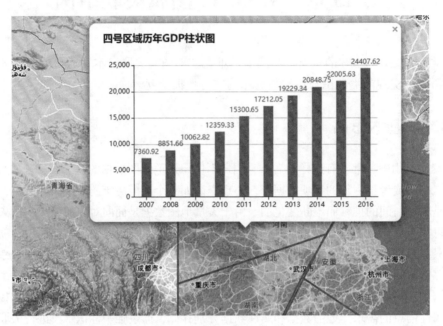

图 13-2　图属关联效果举例

13.2　GDP 属性数据表建立

在数据库中建立表格并导入数据有两种方式，一种是手动建立并导入数据，利用可视化管理 Navicat for PostgreSQL 工具新建数据库表格 polygon_gdp，在建立表格时，由于 PostgreSQL 对于大小写要求较为严格，因此注意表名和字段名的大小写，一般情况最好用小写，表结构如图 13-3 所示。

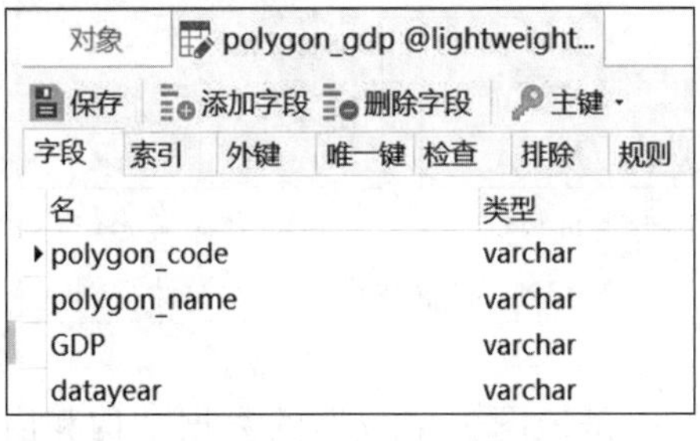

图 13-3　GDP 属性表结构

导入 4 个测试多边形的属性数据，这里以 GDP 为例，数据为随机生成的数值，年份从 2007 年到 2016 年。

13.3 数据库查询函数封装

数据表格建立完成后，就需要封装利用关联字段查询属性数据库的查询函数，在数据库管理类 pgHelper. js 中添加 PG. prototype. selectpolygon_gdpByCode 函数，代码如下：

```
PG.prototype.selectpolygon_gdpByCode = function(tablename,fields,
returnfields,cb){
    if(! tablename) return;
    var returnStr = "";
    //如果返回字段为空
    if(returnfields.length == 0)
        //则代表返回所有字段,用 * 表示
        returnStr = '*';
    else
        //否则指定返回字段
        returnStr= returnfields.join(",");
    var str = ";
    //如果条件字段为空
    if(fields.length == 0)
        //则查询该表所有数据
        str = "select "+returnStr+ " from "+tablename;
    else
        //否则根据条件字段进行查询
        str = "select "+returnStr+" from "+tablename+" where polygon_
code = '"+ fields+"' order by datayear";
    //console.log("strsql...:"+str);
    clientHelper(str,",cb);
}
```

需要注意的是，上述代码在调试的过程中，为了避免不必要的问题，数据库表名及其字段中的字母最好都使用小写。

13.4 路由修改

数据库及其查询函数建立完成后，就需要完成前后端通信的"桥梁"建设工作，即为图属关联查询的前后端交互分配一个路由，本例中图属关联的前后端通信将在路由文件 routes \ index.js 中完成，在路由的后面加入如下代码：

```
//添加关联字段,查询省 GDP 表的路由
router.get('/GDPQuery', function(req, res) {
    var code = req.query.code;
    console.log('路由中的 code::::::'+code);
        pgclient.selectpolygon_gdpByCode('polygon_gdp', code,",
function(result) {
        if(result[0] = = = undefined) {
                res.send('返回空值');
        } else {
        res.send(result);
                console.log("返回结果:" + JSON.stringify(result))
        }
    });
});
```

如果在调试过程中出现跨域问题，请在路由文件 index.js 里面引用 cors，在引用之前需要安装 cors，安装方法参考本书的"6.3 Express 安装与配置"一节中的方法，路由中引用如图 13-4 所示。

```
index.js
  1  var express = require('express');
  2  var router = express.Router();
  3  var pgclient = require('dao/pgHelper');
  4  pgclient.getConnection();
  5  var cors = require('cors');
  6    router.use(cors());
```

图 13-4　属性表结构与数据 SQL 脚本

13.5　添加 Echarts 引用

Echarts 是一个使用 JavaScript 实现的开源可视化库，可以流畅地运行在 PC 和移动设备上，兼容当前绝大部分浏览器(IE8/9/10/11，Chrome，Firefox，Safari 等)，底层依赖轻量级的矢量图形库 ZRender，提供直观、交互丰富、可高度个性化定制的数据可视化图表。

下载地址 http://echarts.baidu.com/download.html，完整版下载如图 13-5 所示。

下载后，将 echarts.min.js 拷入工程的 public \ javascripts，如图 13-6 所示。

在 header.ejs 中添加 Echarts 引用，代码如图 13-7 所示。

图 13-5　Echarts 官方下载

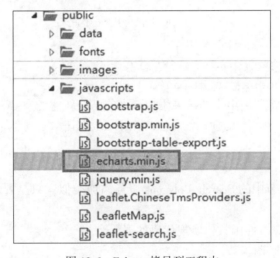

图 13-6　Echarts 拷贝到工程中

```
<!-- Load LeafletMap JavaScript self-->
<script type="text/javascript" src="../javascripts/LeafletMap.js" ></script>
<!-- Load ChineseTmsProviders JavaScript plugins-->
<script type="text/javascript" src="../javascripts/leaflet.ChineseTmsProviders.js" ></script>
<!--Load leaflet-search.js JavaScript -->
<script type="text/javascript" src="../javascripts/leaflet-search.js" ></script>
<script type="text/javascript" src="../javascripts/echarts.min.js"></script>
```

图 13-7　Echarts 引用

13.6　图属关联的前端实现

在 LeafletMap. js 中添加地图点击事件响应函数、关联字段查询函数以及 Echarts 柱状图生成函数。首先，给 GDP＿Polygon 图层加载 WFS 服务，并在调用的部分添加 onEachFeature 的响应事件，代码如下：

```
//GDP_Polygon 边界 GeoJSON 服务的完整路径
var url="http://localhost:8080/geoserver/LightWebGIS/ows?service=
WFS&version=1.0.0&request=GetFeature&typeName=LightWebGIS%3AGDP_
Polygon&maxFeatures=50&outputFormat=application%2Fjson"
        //定义 GeoJSON 图层
        var GDP_Polygon_GeoJSON = L.geoJson(null,{
                        //响应和回调函数
            onEachFeature: onEachFeature,
        }).addTo(map);//默认打开图层
        //ajax 调用
        $ .ajax({
            url: url, //GeoJSON 服务的完整路径
            dataType:'json',
            outputFormat:'text/javascript',
            success: function(data){
            //将调用出来的结果添加至之前已经新建的空 GeoJSON 图层中
                GDP_Polygon_GeoJSON.addData(data);
            },
        });
```

添加方法和 12.7 节中的 Search_Polygons 服务添加类似，只是要注意中间的回调函数调用，如图 13-8 所示。

点击地图要素响应事件函数，实现代码如下：

```
//点击地图要素事件回调函数
function onEachFeature(feature, marker){
        //获取选中要素的行政区编码
        var code = feature.properties.code;
        //新建弹出窗体并设置大小
        var content = '<div style="width:520px;height:320px;"id="
popupwindow"></div>';
//点击弹出窗口,并设置最大宽度,因为默认宽度为 301,不一定足够一个 Echart 的正常
显示
    marker.bindPopup(content,{maxWidth:560});
```

```
//**********************GDP_Polygon图层GeoJSON服务加载***************
//GDP_Polygon边界GeoJSON服务的完整路径
var url = "http://localhost:8080/geoserver/LightWebGIS/ows?service=WFS&versi
//定义GeoJSON图层
var GDP_Polygon_GeoJSON = L.geoJson(null, {
        //响应和回调函数
     onEachFeature: onEachFeature,
}).addTo(map);//默认打开图层
//ajax调用
$.ajax({
    url: url, //GeoJSON服务的完整路径
    dataType: 'json',
    outputFormat: 'text/javascript',
    success: function(data) {
        //将调用出来的结果添加至之前已经新建的空geojson图层中
        GDP_Polygon_GeoJSON.addData(data);
    },
});
```

图 13-8　地图 WFS 服务加载时的响应事件

```
//点击弹出信息窗口
marker.on('popupopen',function(e){
    //定义 chart 图表显示容器
    var myChart=echarts.init(document.getElementById
('popupwindow'));
//**********根据行政区编码查询数据并将对应的数据传给myChart加载柱状
图
    getDatabyCode(code,myChart);
});
}
```

属性查询函数的实现，代码如下：

```
/*
*用ajax将选中省份的code传给路由,并从数据库中读取相关数据后返回
* code:行政区代码,用于地图要素和属性数据库的关联字段
* myChart:chart 图表对象
*/
function getDatabyCode(code,myChart){
    var xValue=[];
    var yValue=[];
    $ .ajax({
    url:'/GDPQuery? code='+code,
```

```
            type: 'get',
            dataType: 'json',
            outputFormat: 'text/javascript',
            success:function(result){
                //测试是否返回数据
                //console.log(result[0].GDP);
                //请求成功时执行该函数内容,result 即为服务器返回的 json 对象
                if (result) {
                    for(var i = 0;i<result.length;i++){
                        //取出 x 轴—年份
                        xValue.push(result[i].datayear);
                    }
                    for(var i = 0;i<result.length;i++){
                        //取出 y 轴—GDP 数据
                        yValue.push(result[i].GDP);
                    }
                //获取省行政区名称
                var polygon_name = result[0]. polygon_name;
                // * * * * * * 调用 Echarts 函数生成 Echarts 图表 * * * * * * * *
* * * * * * * * * * * * *
                    getChart(xValue,yValue,myChart, polygon_name);
                }
        },
    error:function(data){
            alert('error::'+data[0]+'—图表请求数据失败');
        }
    });
}
```

Echarts 图表调用函数 getChart 的实现，代码如下：

```
/*
* Echarts 构建函数
* xValue:横坐标参数
* yValue:纵坐标参数
* myChart:echart 对象
* pro_name 省行政区名称
*/
function getChart(xValue,yValue,myChart,pro_name){
    //测试值是否正常传递进来
```

```
console.log("xValue:"+xValue);
console.log("yValue:"+yValue);
var option = {
    title：{
        //显示到弹出窗口的标题栏
        text：pro_name+'历年 GDP 柱状图'
    },
    color：['#3398DB'],
    tooltip：{
        trigger：'axis',
        axisPointer：{
            type：'shadow'
            }
        },
        grid：{
            left：'3%',
            right：'4%',
            bottom：'3%',
            containLabel：true
        },
        //x 横轴
        xAxis：[
        {
          type：'category',
                //data 值为 ajax 传递过来的值
                data:xValue,
                axisTick：{
                    alignWithLabel：true
                }
            }
        ],
    yAxis：{},
    series：[
        {
        name：'GDP(万元)',
        type：'bar',
        barWidth：'40%',
        data：yValue,
```

```
                    //鼠标放在柱状图上面时,显示数值
            itemStyle: {
                normal: {
                    label: {
                        show: true,
                        position:'top'
                            }
                        }
                    }
            ]
    };
    //清除上一次数据缓存
    myChart.clear();
    //开始制图
    myChart.setOption(option);
}
```

13.7 结果预览

启动服务，效果预览如图 13-9 所示。

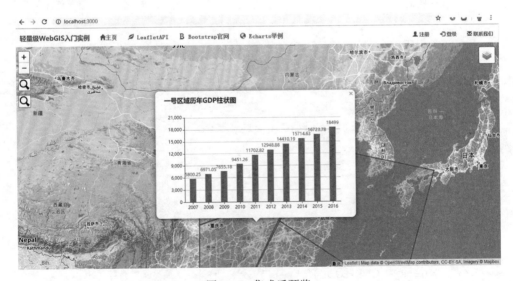

图 13-9 集成后预览

13.8　本章小结

本章通过一个具体的实例向大家详细介绍了如何实现地图要素与属性数据库的关联以及实时数据交互的操作流程与步骤。至此，轻量级 WebGIS 入门实践的全部内容就介绍完毕。但大家也知道，即使完成了全部内容的学习，实现了本书中全部实例，也只是掌握了冰山一角，刚刚入门。如果各位读者想在此领域进行更深入的发展，还需要更为广泛和深入的学习。

参 考 文 献

［1］付品德，秦耀辰，闫卫阳，等．Web GIS 原理与技术［M］.北京：高等教育出版社，2018.

［2］郭明强．WebGIS 之 OpenLayers 全面解析［M］.北京：电子工业出版社，2016.

［3］蒋波涛，朱强，钱旭东．WebGIS 开发实践手册——基于 ArcIMS、OGC 和瓦片式 GIS ［M］.北京：电子工业出版社，2009.

［4］李治洪．WebGIS 原理与实践［M］.北京：高等教育出版社，2010.

［5］马林兵，等．Web GIS 技术原理与应用开发(第三版)［M］.北京：科学出版社，2019.

［6］［美］Vasan Subramanian. MERN 全栈开发(使用 Mongo Express React 和 Node)［M］.杜伟，柴晓伟，涂曙光，译．北京：清华大学出版社，2018.

［7］孟超．WebGIS 技术实验教程——基于 ArcGIS API for JavaScript［M］.武汉：华中科技大学出版社，2018.

［8］吴信才．基于 JavaScript 的 WebGIS 开发［M］.北京：电子工业出版社，2013.

［9］［英］亚历克斯·杨，［美］布拉德利·马克．Node.js 实战［M］.第 2 版.北京：人民邮电出版社，2018.

［10］张贵军，陈铭．WebGIS 工程项目开发实践［M］.北京：清华大学出版社，2016.

［11］周文生，毛锋，胡鹏．开放式 WebGIS 的理论与实践［M］.北京：科学出版社，2007.

［12］Bootstrap3 中文网.［EB/OL］.［2012］.https：//www.bootcss.com/

［13］Visual Studio Code 官方网站.［EB/OL］.［2020-07-09］.https：//code.visualstudio.com/

［14］GitHub Desktop 代码托管工具桌面端官方下载网站.［EB/OL］.［2020］.https：//desktop.github.com/

［15］ArcGIS API for JavaScript 官方网站.［EB/OL］.［2020］.https：//developers.arcgis.com/javascript/

［16］Echarts 图表 API 官方网站.［EB/OL］.［2020］.https：//echarts.baidu.com/

［17］Geoserver 地图服务器官方网站.［EB/OL］.［2020］.http：//geoserver.org/

［18］Bootstrap4 官方网站.［EB/OL］.［2020］.https：//getbootstrap.com/

［19］代码托管官方网站.［EB/OL］.［2020］.https：//github.com/

［20］Jquery 官方网站.［EB/OL］.［2020］.https：//jquery.com/

［21］Leaflet 搜索举例.［EB/OL］.［2020］.http：//labs.easyblog.it/maps/leaflet-search/examples/geojson-layer.html

［22］Leafletjs 官方网站.［EB/OL］.［2020］.https：//leafletjs.com/

［23］百度脑图官方网站.［EB/OL］.［2020］.http：//naotu.baidu.com/

［24］Nodejs 中文网.［EB/OL］.［2020］.http：//nodejs.cn/

［25］Github 代码托管.［EB/OL］.［2020］.https：//pages.github.com/

［26］bootcss 样式官方网站.［EB/OL］.［2020］.https：//www.bootcss.com/

［27］博客：Node.js Express 连接 mysql 完整的登录注册系统（windows）.［EB/OL］.［2015-01-14］.http：//www.cnblogs.com/allsmy/p/4221593.html

［28］博客：nodejs＋express＋mysql 增删改查.［EB/OL］.［2016-07-19］.http：//www.cnblogs.com/caiyezi/p/nodejs.html

［29］博客：杂谈 WebGIS.［EB/OL］.［2014-08-02］.https：//www.cnblogs.com/naaoveGIS/p/3887141.html

［30］Hbuilder 编译器官方下载网站.［EB/OL］.［2020］.http：//www.dcloud.io/

［31］Expressjs 框架官方网站.［EB/OL］.［2020］.http：//www.expressjs.com.cn/

［32］Mapbox 官方网站.［EB/OL］.［2020］.https：//www.mapbox.com/

［33］Navicat 数据库管理工具官方网站.［EB/OL］.［2020］.https：//www.navicat.com.cn/

［34］开放地理空间信息联盟官方网站.［EB/OL］.［2020］.https：//www.ogc.org/

［35］Openlayers 官方网站.［EB/OL］.［2020］.http：//www.openlayers.org/

［36］Openstreetmap 官方网站.［EB/OL］.［2020］.https：//www.openstreetmap.org/help

［37］Postgis 空间数据库引擎官方网站.［EB/OL］.［2020］.http：//www.postgis.org/

［38］Postgresql 开源数据库官方网站.［EB/OL］.［2020］.https：//www.postgresql.org/

［39］QGIS 官方网站.［EB/OL］.［2020］.https：//www.qgis.org/zh_CN/site/

［40］菜鸟教程.［EB/OL］.［2020］.https：//www.runoob.com/

［41］WebGIS 资源网站.［EB/OL］.［2020］.http：//www.webgis.com/